中国水利统计年鉴2022

 中华人民共和国水利部 编

 中国水利水电出版社
www.waterpub.com.cn
·北京·

图书在版编目（CIP）数据

中国水利统计年鉴. 2022 / 中华人民共和国水利部
编. -- 北京 : 中国水利水电出版社，2022.12
ISBN 978-7-5226-1228-7

Ⅰ. ①中… Ⅱ. ①中… Ⅲ. ①水利建设－统计资料－
中国－2022－年鉴 Ⅳ. ①F426.9-54

中国版本图书馆CIP数据核字(2022)第256518号

责任编辑　李金玲　王　菲

书　　名	**中国水利统计年鉴 2022** ZHONGGUO SHUILI TONGJI NIANJIAN 2022
作　　者	中华人民共和国水利部　编
出版发行	中国水利水电出版社 （北京市海淀区玉渊潭南路 1 号 D 座　100038） 网址：www.waterpub.com.cn E - mail：sales@mwr.gov.cn 电话：(010) 68545888（营销中心）
经　　售	北京科水图书销售有限公司 电话：(010) 68545874、63202643 全国各地新华书店和相关出版物销售网点
排　　版	中国水利水电出版社微机排版中心
印　　刷	天津画中画印刷有限公司
规　　格	210mm×297mm　16 开本　13.75 印张　605 千字
版　　次	2022 年 12 月第 1 版　2022 年 12 月第 1 次印刷
印　　数	0001—1000 册
定　　价	**168.00 元**

《中国水利统计年鉴 2022》
编委会和编写人员名单

编 委 会

主　　任：刘伟平

副 主 任：吴文庆　张祥伟

委　　员：（以姓氏笔画为序）

匡尚富　邢援越　巩劲标　朱闽丰　任骁军　孙　卫　李　烽　李兴学

李原园　杨卫忠　张敦强　张新玉　陈大勇　陈茂山　郑红星　姜成山

夏海霞　钱　峰　倪　莉　倪文进　徐永田　郭孟卓　曹纪文　曹淑敏

谢义彬

编 写 人 员

主　　编：张祥伟

副 主 编：谢义彬　吴　强

执行编辑：汪习文　张光锦　李　淼　张　岚

编辑人员：（以姓氏笔画为序）

王　伟　王　军　王　彪　王小娜　王鹏悦　仇亚琴　田　琦　毕守海

曲　鹏　吕　烨　刘　品　米双姣　孙宇飞　李　斌　李天良　李笑一

吴泽斌　吴海兵　吴梦莹　沈东亮　张晓兰　张象明　张续军　张慧萌

周哲宇　房　蒙　徐　岩　殷海波　高　音　高　洋　郭　悦　郭慧滨

黄藏青　戚　波　盛　晴　潘利业

英文翻译：谷丽雅　侯小虎　张林若

《China Water Statistical Yearbook 2022》

Editorial Board and Editorial Staff

Editorial Board

Chairman: Liu Weiping

Vice-Chairman: Wu Wenqing   Zhang Xiangwei

Editorial Board: (in order of the number of strokes of the Chinese character of the surname)

Kuang Shangfu	Xing Yuanyue	Gong Jinbiao	Zhu Minfeng	Ren Xiaojun
Sun Wei	Li Feng	Li Xingxue	Li Yuanyuan	Yang Weizhong
Zhang Dunqiang	Zhang Xinyu	Chen Dayong	Chen Maoshan	Zheng Hongxing
Jiang Chengshan	Xia Haixia	Qian Feng	Ni Li	Ni Wenjin
Xu Yongtian	Guo Mengzhuo	Cao Jiwen	Cao Shumin	Xie Yibin

Editorial Staff

Editor-in-Chief: Zhang Xiangwei

Associate Editors-in-Chief: Xie Yibin   Wu Qiang

Directors of Editorial Department: Wang Xiwen   Zhang Guangjin   Li Miao   Zhang Lan

Editorial Staff: (in order of the number of strokes of the Chinese character of the surname)

Wang Wei	Wang Jun	Wang Biao	Wang Xiaona	Wang Pengyue
Qiu Yaqin	Tian Qi	Bi Shouhai	Qu Peng	Lü Ye
Liu Pin	Mi Shuangjiao	Sun Yufei	Li Bin	Li Tianliang
Li Xiaoyi	Wu Zebin	Wu Haibing	Wu Mengying	Shen Dongliang
Zhang Xiaolan	Zhang Xiangming	Zhang Xujun	Zhang Huimeng	Zhou Zheyu
Fang Meng	Xu Yan	Yin Haibo	Gao Yin	Gao Yang
Guo Yue	Guo Huibin	Huang Zangqing	Qi Bo	Sheng Qing
Pan Liye				

English Translators: Gu Liya   Hou Xiaohu   Zhang Linruo

编者说明

一、《中国水利统计年鉴 2022》系统收录了 2021 年全国和各省、自治区、直辖市的水资源、水环境、水利建设投资、水利工程设施、水电等方面的统计数据，以及中华人民共和国成立以来的全国主要水利统计数据，是一部全面反映中华人民共和国水利发展情况的资料性年刊。

二、本年鉴正文内容分为 9 个篇章，即江河湖泊及水资源、江河治理、农业灌溉、供用水、水土保持、水利建设投资、农村水电、水文站网、从业人员情况。为方便读者使用，各篇章前均设有简要说明，概述本篇章的主要内容、数据来源、统计范围、统计方法以及历史变动情况。篇末附有主要统计指标解释。

三、本年鉴的全国性统计数据，如未作特殊说明均不包括香港特别行政区、澳门特别行政区和台湾省数据。2012 年水库数量、水闸数量、机电井数量、堤防长度、灌溉面积、灌区、水土保持治理面积等主要指标数据已与 2011 年第一次全国水利普查数据衔接，2013 年节水灌溉面积数据已与 2011 年第一次全国水利普查数据衔接。

四、本年鉴在编辑上采用了以下方法。

（1）部分统计资料从 1949 年至 2021 年均被记录，但一些年份指标数据由于历史记录不详没有收录。

（2）分省统计资料均按当年各省级行政区域范围收集，行政区域范围变化后对历史统计资料不做调整。例如：在实行计划单列体制前，重庆市统计资料包含在四川省内。

（3）部分统计资料按流域或水资源一级分区分组。

（4）历史数据基本保持原貌，未作改动。

（5）部分指标未单列新疆生产建设兵团数据，其数据含在"新疆"的数据中。

五、所使用的计量单位，大部分采用国际统一法定标准计量单位，小部分沿用水利统计惯用单位。

六、部分数据合计数量由于数字位数取舍而产生的计算误差，均未作调整。

七、凡带有续表的资料，有关注释均列在第一张表的下方。

八、符号使用说明：各表中的"空格"表示该项统计指标数据不足本表最小单位数、数据不详或无该项数据；"#"表示其中主要项；"*"或数字标示（如①等）表示本表下有注解。

EDITOR'S NOTES

A. *China Water Statistical Yearbook 2022*, as an annual report that contains comprehensive information on various activities of water resources development in the People's Republic of China, has systematically collected a wide range of statistical data of water resources, water environment, investments of water project construction, water schemes and infrastructures, and hydropower development etc. of the whole country and of each province, autonomous region and municipality directly under the administration of Central Government in 2021. In addition, the Yearbook provides main statistical information on water resources since the founding of the People's Republic of China in 1949.

B. The Yearbook include nine chapters:

1. Rivers, lakes and water resources
2. River regulation
3. Agricultural irrigation
4. Water supply and utilization
5. Soil and water conservation
6. Investments in water project construction
7. Rural hydropower
8. Hydrological network
9. Employees

To help readers clearly understand the statistical data, a brief introduction is given before each chapter, making a briefing on main contents, data sources, statistical scope and method, and historical changes. Moreover, explanations of main statistical indices are made at the end of each chapter.

C. In the Yearbook, if no special explanation, the national statistics excludes those of Hong Kong Special Administrative Region, Macao Special Administrative Region and Taiwan Province. The number of reservoir, sluice and gate, length of embankment, irrigated area, irrigation district, electro-mechanical wells and soil and conservation area in 2012 were integrated with the data of First National Water Census in 2011. The water-saving irrigated area in 2013 was integrated with the data of First National Water Census in 2011.

D. Following methodologies are adopted when statistical data of the Yearbook is produced:

1. Some statistical data are collected from 1949 to 2021, but a number of indicative data of some year are excluded because of incomplete historical records.

2. Statistical data of each province is collected according to the administrative division of that year, and no adjustment is made after the changes of division of administrative scope. For example, the data of Chongqing should be covered by Sichuan Province before Chongqing became the municipality directly under the central government.

3. Some statistical data are grouped based on river basins or Grade-I water resources regions.

4. Historical data are kept unchanged.

5. Statistical data of Xinjiang cover that of the Xinjiang Production and Construction Corps.

E. Metric System is commonly applied for most of the data in the Yearbook as the unit of measurements, but in a few circumstances, units that widely used locally are adopted.

F. No automatic adjustment is made for calculation error of some total figures herein as a result of the dropping of a certain digit.

G. Where statistical data has continued table, the relevant annotations is listed at the bottom of the first table.

H. Notes on symbol-use: the space in tables of the Yearbook means that index data are less than the required minimum, or not quite clear or not available; # represents the main item; * or ① means that there are annotations at the bottom of the table.

目　录

CONTENTS

Contents

2　江河治理
River Regulation

简要说明
Brief Introduction

3 农业灌溉
Agricultural Irrigation

简要说明
Brief Introduction

4 供用水
Water Supply and Utilization

5 水土保持
Soil and Water Conservation

简要说明
Brief Introduction

6 水利建设投资
Investments in Water Project Construction

简要说明
Brief Introduction

Contents

7 农村水电
Rural Hydropower

简要说明
Brief Introduction

8 水文站网
Hydrological Network

简要说明
Brief Introduction

9 从业人员情况
Employees

简要说明
Brief Introduction

1 江河湖泊及水资源

Rivers，Lakes and Water Resources

简 要 说 明

江河湖泊及水资源统计资料包括主要江河、湖泊、自然资源与水资源的状况，降水量、水资源量、水旱灾害及水质等。

1. 自然状况包括国土、气候等资料，国土和气候资料来源于《中国统计年鉴2011》和《中国统计年鉴2012》。

2. 降水量资料按照水资源一级分区和地区整理。

3. 水资源量资料汇总了1997年以来的数据，按水资源一级分区和地区整理。

4. 主要河流、内陆水域、湖泊资料按照主要河流水系整理。

5. 河流水质、湖泊水质资料按水资源一级分区整理。

6. 主要江河年径流量为50年平均值。

Brief Introduction

Statistical data of rivers, lakes and water resources provides information on main rivers and lakes, conditions of natural resources and water resources, precipitation, availability of water resources, flood or drought disasters, water quality, etc.

1. Natural resources conditions cover the data of national land and climate that are sourced from *China Statistical Yearbook 2011* and *China Statistical Yearbook 2012*.

2. Precipitation data is sorted according to regions and Grade-I water resources regions.

3. Data of availability of water resources, collected since 1997, is classified according to regions and Grade-I water resources regions.

4. Data of main rivers, inland water bodies and lakes is classified according to main watersheds.

5. Data of water quality in rivers and water quality in lakes is classified according to Grade-I water resources regions.

6. Mean annual runoff of main rivers refers to the average annual value of past 50 years.

1-1 河流数量与长度

Number and Length of Rivers

地区	Region	流域面积 50km² 及以上河流 Drainage Area up to 50km² and above		流域面积 100km² 及以上河流 Drainage Area up to 100km² and above		流域面积 1000km² 及以上河流 Drainage Area up to 1,000km² and above		流域面积 10000km² 及以上河流 Drainage Area up to 10,000km² and above	
		数量/条 Number/unit	长度/千米 Length/km	数量/条 Number/unit	长度/千米 Length/km	数量/条 Number/unit	长度/千米 Length/km	数量/条 Number/unit	长度/千米 Length/km
合 计	Total	45203	1508490	22909	1114630	2221	386584	228	132553
北 京	Beijing	127	3731	71	2845	11	1035	2	417
天 津	Tianjin	192	3913	40	1714	3	265	1	102
河 北	Hebei	1386	40947	550	26719	49	6573	10	2575
山 西	Shanxi	902	29337	451	21219	53	7606	7	3000
内 蒙 古	Inner Mongolia	4087	144785	2408	113572	296	42621	40	14735
辽 宁	Liaoning	845	28459	459	21587	48	7585	10	2869
吉 林	Jilin	912	32765	497	25386	64	9963	18	5102
黑龙江	Heilongjiang	2881	92176	1303	65482	119	23959	21	10294
上 海	Shanghai	133	2694	19	758	2	83	2	83
江 苏	Jiangsu	1495	31197	714	19552	15	1649	4	672
浙 江	Zhejiang	865	22474	490	16375	26	3927	3	975
安 徽	Anhui	901	29401	481	21980	66	7937	8	1641
福 建	Fujian	740	24629	389	18051	41	5697	5	1719
江 西	Jiangxi	967	34382	490	25219	51	8199	8	2474
山 东	Shandong	1049	32496	553	23662	39	4896	4	1120
河 南	Henan	1030	36965	560	27910	64	10161	11	3347
湖 北	Hubei	1232	40010	623	28949	61	9182	10	3232
湖 南	Hunan	1301	46011	660	33589	66	10441	9	3957
广 东	Guangdong	1211	36559	614	25851	60	7668	6	1635
广 西	Guangxi	1350	47687	678	35182	80	13011	7	4062
海 南	Hainan	197	6260	95	4397	8	1199		
重 庆	Chongqing	510	16877	274	12727	42	4869	7	1441
四 川	Sichuan	2816	95422	1396	70465	150	26948	20	10649
贵 州	Guizhou	1059	33829	547	25386	71	10261	10	3176
云 南	Yunnan	2095	66856	1002	48359	118	20245	17	7388
西 藏	Tibet	6418	177347	3361	131612	331	43073	28	12042
陕 西	Shaanxi	1097	38469	601	29342	72	10443	12	4134
甘 肃	Gansu	1590	55773	841	41932	132	17434	21	6587
青 海	Qinghai	3518	114060	1791	81966	200	28073	27	9888
宁 夏	Ningxia	406	10120	165	6482	22	2226	5	926
新 疆	Xinjiang	3484	138961	1994	112338	257	44219	29	16479

注　1. 本表数据来源于 2011 年第一次全国水利普查成果。

　　2. 由于同一河流流经不同省（自治区、直辖市）时重复统计，故 31 个省（自治区、直辖市）河流数量、河流长度加总大于同标准河流数量、河流长度的合计数。本表合计数为剔重后的数据，《中国水利统计年鉴 2017—2020》中的合计数未剔重。

Notes　1. The data used in this table are sourced from the First National Water Census in 2011.

　　2. The total number of rivers in 31 provinces (autonomous regions and municipalities) in the Yearbook is larger than that of the actual rivers because of repetitive calculation of same rivers that flow across more than one province (autonomous regions and municipalities), and the total length of rivers is also larger than that of the actual rivers. The total doesn't include duplication data in this table. The total includes duplication data in *China Water Statistical Yearbook 2017-2020*.

1-2 中国十大河流基本情况
General Conditions of Ten Major Rivers

河流	River	河流长度 /公里 Length of River /km	流域面积 /平方千米 Drainage Area /km²	2020 年水面面积 /平方千米 Water Surface Area in 2020 /km²	流经省 （自治区、直辖市） Provinces Flow Through	年径流深 /毫米 Depth of Annual Runoff /mm
长 江	Yangtze River	6296	1796000	9687	青海、西藏、四川、云南、重庆、湖北、湖南、江西、安徽、江苏、上海	551.1
黑龙江	Heilong River	1905	888711	2701	黑龙江	142.6
黄 河	Yellow River	5687	813122	4249	青海、四川、甘肃、宁夏、内蒙古、陕西、山西、河南、山东	74.7
珠 江 (流域)	Pearl River （Basin）	2320	452000	976	云南、贵州、广西、广东、湖南、江西	
塔里木河	Talimu River	2727	365902	935	新疆	72.2
雅鲁藏布江	Yarlung Zangbo River	2296	345953	9831	西藏	951.6
海 河 (流域)	Haihe River （Basin）	73(干流)	320600	237	天津、北京、河北、山西、山东、河南、内蒙古、辽宁	
辽 河	Liaohe River	1383	191946	339	内蒙古、河北、吉林、辽宁	45.2
淮 河	Huaihe River	1018	190982	422	河南、湖北、安徽、江苏	236.9
澜沧江	Lancang River	2194	164778	354	青海、西藏、云南	445.6

注　1. 本表数据来源于《中国河湖年鉴 2021》。
　　2. 黄河流域面积包含内流区 42269km²。

Notes　1. The data are sourced from *China River and Lake Yearbook 2021*.
　　2. The Yellow River drainage area includes the endorheic basin of 42,269 km².

1-3 主要江河年径流量
Annual Runoff of Major Basins

水 系 Water System	河 名 River	集水面积 /平方千米 Catchment Area /km²	河长 /千米 Length of River /km	多年平均 Average Annual Value		
				年径流量 /亿立方米 Annual Runoff /10⁸m³	年径流深 /毫米 Depth of Annual Runoff /mm	年均流量 /立方米每秒 Mean Annual Runoff /(m³/s)
黑龙江 Heilong River	松花江 Songhua River	557180	2308	733	134	2320
	嫩江 Nenjiang River	282748	1369	225	80	713
	第二松花江 Second Songhua River	78723	799	165	210	517
	牡丹江 Mudan River	37023	726	84	228	267
辽河 Liaohe River	辽河 Liaohe River	228960	1390	126	55	400
	浑河 Hunhe River	11481	415	29	248	90
	太子河 Taizi River	13883	413	36	264	114
辽宁沿海 Coastal Rivers of Liaoning Province	大凌河 Daling River	23549	397	21	89	66
海滦河 Hai-Luan Rivers	滦河 Luanhe River	44750	877	48	109	152
	海河 Haihe River	263631	1090	228	87	723
	潮白河 Chaobai River	19559	467	19	109	61
	永定河 Yongding River	50830	681	20	45	65
	大清河 Daqing River	39244	483	44	113	140
	子牙河 Ziya River	46300	751	44	95	139
	漳卫南运河 Zhangweinan Canal	37200	959	42	128	133
黄河 Yellow River	黄河 Yellow River	752443	5464	628	84	1990
	洮河 Taohe River	25527	673	53	2080	168
	湟水 Huangshui River	32863	374	50	153	159
	无定河 Wuding River	30261	491	15	48	46
	汾河 Fenhe River	39471	694	27	67	84

注　本表数据来源于《四十年水利建设成就——水利统计资料（1949—1988）》。

Note　The data in this table are sourced from *Achievements of Water Construction in 40 Years—Water Statistical Data (1949-1988)*.

1-3 续表 continued

水 系 Water System	河 名 River	集水面积 /平方千米 Catchment Area /km²	河长 /千米 Length of River /km	多年平均 Average Annual Value		
				年径流量 /亿立方米 Annual Runoff /10⁸m³	年径流深 /毫米 Depth of Annual Runoff /mm	年均流量 /立方米每秒 Mean Annual Runoff /(m³/s)
黄河 Yellow River	渭河 Weihe River	134766	818	104	77	330
	伊洛河 Yiluo River	18881	447	35	184	110
	沁河 Qinhe River	13532	485	18	136	58
淮河 Huaihe River	淮河 Huaihe River	269283	1000	611	231	1940
	淮河水系 Huaihe River Water System	188497	1000	443	235	1400
	颍河 Yinghe River	39890	557	59	149	188
	史河 Shihe River	6850	211	35	511	111
	淠河 Pihe River	6450	248	39	601	123
	沂河 Yihe River	10315	220	34	331	108
	沭河 Shuhe River	6161	206	19	300	59
长江 Yangtze River	长江 Yangtze River	1808500	6300	9280	513	29460
	金沙江 Jinsha River	473242	2920	1520	321	4820
	雅砻江 Yalong River	128444	1190	586	456	1860
	岷江 Minjiang River	135868	711	921	678	2918
	嘉陵江 Jialing River	157928	1120	696	441	2210
	乌江 Wujiang River	87241	1020	530	608	1680
	湘江 Xiangjiang River	94660	856	759	802	2405
	资水 Zishui River	81422	653	239	849	759
	沅江 Yuanjiang River	89164	1033	667	748	2114
	澧水 Lishui River	18496	388	165	892	523
	汉江 Hanjiang River	159000	1565	557	350	1761
	赣江 Ganjiang River	80948	744	664	820	2105
	抚河 Fuhe River	15811	276	147	930	465

1-3 续表 continued

水 系 Water System	河 名 River	集水面积 /平方千米 Catchment Area /km²	河长 /千米 Length of River /km	多年平均 Average Annual Value		
				年径流量 /亿立方米 Annual Runoff /10⁸m³	年径流深 /毫米 Depth of Annual Runoff /mm	年均流量 /立方米每秒 Mean Annual Runoff /(m³/s)
珠江 Pearl River	柳江 Liujiang River	58270	775	527	904	1670
	北江 Beijiang River	46710	468	510	1092	1620
	东江 Dongjiang River	27010	520	257	950	815
韩江 Hanjiang River	韩江 Hanjiang River	30100	470	261	867	828
海南岛诸河 Rivers in Hainan Island	南渡河 Nandu River	7176	311	70	977	222
浙闽诸河 Rivers in Zhejiang and Fujian	钱塘江 Qiantang River	12156	428	364	874	1160
	瓯江 Oujiang River	17859	388	189	1058	599
	闽江 Minjiang River	60992	541	586	961	1870
河西内陆河 Inland Rivers in Hexi Corridor Region	昌马河 Changma River	13405	320	10	74	32
	黑河 Heihe River	10009	303	16	155	49
新疆内陆河 Inland Rivers in Xinjiang	乌伦古河 Wulungu River	32040	821	11	33	34
青海内陆河 Inland Rivers in Qinghai	格尔木河 Golmud River	18648	227	8	40	24

1-4 河流流域面积
Drainage Area of Basins

流域名称	River	流域面积 /平方千米 Drainage Area /km²	占外流河、 内陆河流域 面积合计 /% Percentage to Total /%
合计	**Total**	**9548617**	**100.00**
外流河	**Out-flowing Rivers**	**6192866**	**64.49**
黑龙江及绥芬河	Heilong River and Suifen River	934802	9.83
辽河、鸭绿江及沿海诸河	Liaohe River, Yalu River and Coastal Rivers	314146	3.30
海滦河	Hai-Luan Rivers	320041	3.37
黄河	Yellow River	794712	8.32
淮河及山东沿海诸河	Huaihe River and Coastal Rivers in Shandong	330009	3.47
长江	Yangtze River	1782715	18.75
浙闽台诸河	Rivers in Zhejiang, Fujian and Taiwan	244574	2.57
珠江及沿海诸河	Pearl River and Coastal Rivers	578974	6.09
元江及澜沧江	Yuanjiang River and Lancang River	240389	2.53
怒江及滇西诸河	Nujiang River and Rivers in West Yunnan	157392	1.66
雅鲁藏布江及藏南诸河	Yarlung Zangbo River and Rivers in South Tibet	387550	4.08
藏西诸河	Rivers in West Tibet	58783	0.62
额尔齐斯河	Irtysh River	48779	0.51
内陆河	**Inland Rivers**	**3355751**	**35.30**
内蒙古内陆河	Inland Rivers in Inner Mongolia	311378	3.28
河西内陆河	Inland Rivers in Hexi Corridor Region	469843	4.94
准噶尔内陆河	Inland Rivers in Junggar Basin	323621	3.40
中亚细亚内陆河	Inland Rivers in Central Asia	77757	0.82
塔里木内陆河	Inland Rivers in Tarim Basin	1079643	11.36
青海内陆河	Inland Rivers in Qinghai	321161	3.38
羌塘内陆河	Inland Rivers in Qiangtang	730077	7.68
松花江、黄河、藏南闭流区	Closed-Drainage Area of Songhua River, Yellow River and Rivers in Southern Tibet	42271	0.44

注　本表数据为2002—2005年进行的第二次水资源评价数据。

Note　The data in this table are sourced from the second water resources evaluation between 2002 and 2005.

1-5 全国主要湖泊
Key Lakes in China

湖 名 Lake	主 要 所 在 地 Main Location	湖泊面积 /平方千米 Area /km²	湖水贮量 /亿立方米 Storage /10⁸m³
青海湖 Qinghai Lake	青海 Qinghai	4200	742
鄱阳湖 Poyang Lake	江西 Jiangxi	3960	259
洞庭湖 Dongting Lake	湖南 Hunan	2740	178
太湖 Taihu Lake	江苏 Jiangsu	2338	44
呼伦湖 Hulun Lake	内蒙古 Inner Mongolia	2000	111
纳木错 Namtso Lake	西藏 Tibet	1961	768
洪泽湖 Hongze Lake	江苏 Jiangsu	1851	24
色林错 Selincuo Lake	西藏 Tibet	1628	492
南四湖 Nansi Lake	山东 Shandong	1225	19
扎日南木错 Zharinanmucuo Lake	西藏 Tibet	996	60
博斯腾湖 Bosten Lake	新疆 Xinjiang	960	77
当惹雍错 Dangreyongcuo Lake	西藏 Tibet	835	209
巢湖 Chaohu Lake	安徽 Anhui	753	18
布伦托海 Buluntuohai Lake	新疆 Xinjiang	730	59
高邮湖 Gaoyou Lake	江苏 Jiangsu	650	9
羊卓雍错 Yangzhuoyongcuo Lake	西藏 Tibet	638	146
鄂陵湖 Eling Lake	青海 Qinghai	610	108
哈拉湖 Hala Lake	青海 Qinghai	538	161
阿牙克库木湖 Ayakekumu Lake	新疆 Xinjiang	570	55
扎陵湖 Gyaring Lake	青海 Qinghai	526	47
艾比湖 Aibi Lake	新疆 Xinjiang	522	9
昂拉仁错 Anglarencuo Lake	西藏 Tibet	513	102
塔若错 Taruocuo Lake	西藏 Tibet	487	97
格仁错 Gerencuo Lake	西藏 Tibet	476	71
赛里木湖 Sayram Lake	新疆 Xinjiang	454	210
松花湖 Songhua Lake	吉林 Jilin	425	108
班公错 Bangongcuo Lake	西藏 Tibet	412	74
玛旁雍错 Manasarovar Lake	西藏 Tibet	412	202
洪湖 Honghu Lake	湖北 Hubei	402	8
阿次克湖 Acike Lake	新疆 Xinjiang	345	34
滇池 Dianchi Lake	云南 Yunnan	298	12
拉昂错 Laangcuo Lake	西藏 Tibet	268	40
梁子湖 Liangzi Lake	湖北 Hubei	256	7
洱海 Erhai Lake	云南 Yunnan	253	26
龙感湖 Longgan Lake	安徽 Anhui	243	4
骆马湖 Luoma Lake	江苏 Jiangsu	235	3
达里诺尔 Dalinuoer Lake	内蒙古 Inner Mongolia	210	22
抚仙湖 Fuxian Lake	云南 Yunnan	211	19
泊湖 Pohu Lake	安徽 Anhui	209	3
石臼湖 Shijiu Lake	江苏 Jiangsu	208	4
月亮泡 Yueliangpao Lake	吉林 Jilin	206	5
岱海 Daihai Lake	内蒙古 Inner Mongolia	140	13
波特港湖 Botegang Lake	新疆 Xinjiang	160	13
镜泊湖 Jingpo Lake	黑龙江 Heilongjiang	95	16

注　本表数据来源于《四十年水利建设成就——水利统计资料（1949—1988）》。

Note　The data in this table are sourced from *Achievements of Water Construction in 40 Years—Water Statistical Data (1949–1988)*.

1-5 续表 continued

湖 名 Lake	所 在 流 域 River Basin		水 型 Lake Type
	内陆湖区 Inland Lake Region	外流湖区 Out-flowing Lake Region	
青海湖 Qinghai Lake	柴达木区 Qaidam		咸水湖 Saltwater Lake
鄱阳湖 Poyang Lake		长江流域 Yangtze River Basin	淡水湖 Freshwater Lake
洞庭湖 Dongting Lake		长江流域 Yangtze River Basin	淡水湖 Freshwater Lake
太湖 Taihu Lake		长江流域 Yangtze River Basin	淡水湖 Freshwater Lake
呼伦湖 Hulun Lake	内蒙古区 Inner Mongolia		咸水湖 Saltwater Lake
纳木错 Namtso Lake	藏北区 North Tibet		咸水湖 Saltwater Lake
洪泽湖 Hongze Lake		淮河流域 Huaihe River Basin	淡水湖 Freshwater Lake
色林错 Selincuo Lake	藏北区 North Tibet		咸水湖 Saltwater Lake
南四湖 Nansi Lake		淮河流域 Huaihe River Basin	淡水湖 Freshwater Lake
扎日南木错 Zharinanmucuo Lake	藏北区 North Tibet		咸水湖 Saltwater Lake
博斯腾湖 Bosten Lake	甘新区 Gansu-Xinjiang Region		咸水湖 Saltwater Lake
当惹雍错 Dangreyongcuo Lake	藏北区 North Tibet		咸水湖 Saltwater Lake
巢湖 Chaohu Lake		长江流域 Yangtze River Basin	淡水湖 Freshwater Lake
布伦托海 Buluntuohai Lake	甘新区 Gansu-Xinjiang Region		咸水湖 Saltwater Lake
高邮湖 Gaoyou Lake		淮河流域 Huaihe River Basin	淡水湖 Freshwater Lake
羊卓雍错 Yangzhuoyongcuo Lake	藏北区 North Tibet		咸水湖 Saltwater Lake
鄂陵湖 Eling Lake		黄河流域 Yellow River Basin	淡水湖 Freshwater Lake
哈拉湖 Hala Lake	柴达木区 Qaidam		咸水湖 Saltwater Lake
阿牙克库木湖 Ayakekumu Lake	藏北区 North Tibet		咸水湖 Saltwater Lake
扎陵湖 Gyaring Lake		黄河流域 Yellow River Basin	淡水湖 Freshwater Lake
艾比湖 Aibi Lake	甘新区 Gansu-Xinjiang Region		咸水湖 Saltwater Lake
昂拉仁错 Anglarencuo Lake	藏北区 North Tibet		咸水湖 Saltwater Lake
塔若错 Taruocuo Lake	藏北区 North Tibet		咸水湖 Saltwater Lake
格仁错 Gerencuo Lake	藏北区 North Tibet		淡水湖 Freshwater Lake
赛里木湖 Sayram Lake	甘新区 Gansu-Xinjiang Region		咸水湖 Saltwater Lake
松花湖 Songhua Lake		黑龙江流域 Heilong River Basin	淡水湖 Freshwater Lake
班公错 Bangongcuo Lake	藏北区 North Tibet		东淡西咸 Freshwater in the East and Saltwater in the West
玛旁雍错 Manasarovar Lake	藏南区 South Tibet		淡水湖 Freshwater Lake
洪湖 Honghu Lake		长江流域 Yangtze River Basin	淡水湖 Freshwater Lake
阿次克湖 Acike Lake	藏北区 North Tibet		咸水湖 Saltwater Lake
滇池 Dianchi Lake		长江流域 Yangtze River Basin	淡水湖 Freshwater Lake
拉昂错 Laangcuo Lake	藏南区 South Tibet		淡水湖 Freshwater Lake
梁子湖 Liangzi Lake		长江流域 Yangtze River Basin	淡水湖 Freshwater Lake
洱海 Erhai Lake		西南诸河 Southwest Region	淡水湖 Freshwater Lake
龙感湖 Longgan Lake		长江流域 Yangtze River Basin	淡水湖 Freshwater Lake
骆马湖 Luoma Lake		淮河流域 Huaihe River Basin	淡水湖 Freshwater Lake
达里诺尔 Dalinuoer Lake	内蒙古区 Inner Mongolia		咸水湖 Saltwater Lake
抚仙湖 Fuxian Lake		珠江流域 Pearl River Basin	淡水湖 Freshwater Lake
泊湖 Pohu Lake		长江流域 Yangtze River Basin	淡水湖 Freshwater Lake
石臼湖 Shijiu Lake		长江流域 Yangtze River Basin	淡水湖 Freshwater Lake
月亮泡 Yueliangpao Lake		黑龙江流域 Heilong River Basin	淡水湖 Freshwater Lake
岱海 Daihai Lake	内蒙古区 Inner Mongolia		咸水湖 Saltwater Lake
波特港湖 Botegang Lake	甘新区 Gansu-Xinjiang Region		淡水湖 Freshwater Lake
镜泊湖 Jingpo Lake		黑龙江流域 Heilong River Basin	淡水湖 Freshwater Lake

1-6 各地区湖泊个数和面积

Number and Area of Lakes by Region

地区 Region		湖泊数量 /个 Number of Lakes /unit	淡水湖 Freshwater Lake	咸水湖 Saltwater Lake	盐湖 Salt Lake	其他 Others	湖泊面积 /平方千米 Lake Area /km²	淡水湖 Freshwater Lake	咸水湖 Saltwater Lake	盐湖 Salt Lake	其他 Others
合 计	Total	2865	1594	945	166	160	78007.1	35149.9	39205.0	2003.7	1648.6
北 京	Beijing	1	1				1.3	1.3			
天 津	Tianjin	1	1				5.1	5.1			
河 北	Hebei	23	6	13	4		364.8	268.5	90.7	5.6	
山 西	Shanxi	6	4	2			80.7	18.8	61.9		
内蒙古	Inner Mongolia	428	86	268	73	1	3915.8	571.6	3101.4	240.0	2.8
辽 宁	Liaoning	2	2				44.7	44.7			
吉 林	Jilin	152	27	39	67	19	1055.2	165.6	486.4	338.9	64.3
黑龙江	Heilongjiang	253	241	12			3036.9	2890.8	146.1		
上 海	Shanghai	14	14				68.1	68.1			
江 苏	Jiangsu	99	99				5887.3	5887.3			
浙 江	Zhejiang	57	57				99.2	99.2			
安 徽	Anhui	128	128				3505.0	3505.0			
福 建	Fujian	1	1				1.5	1.5			
江 西	Jiangxi	86	86				3802.2	3802.2			
山 东	Shandong	8	7	1			1051.7	1047.7	4.0		
河 南	Henan	6	6				17.2	17.2			
湖 北	Hubei	224	224				2569.2	2569.2			
湖 南	Hunan	156	156				3370.7	3370.7			
广 东	Guangdong	7	6	1			18.7	17.5	1.2		
广 西	Guangxi	1	1				1.1	1.1			
海 南	Hainan										
重 庆	Chongqing										
四 川	Sichuan	29	29				114.5	114.5			
贵 州	Guizhou	1	1				22.9	22.9			
云 南	Yunnan	29	29				1115.9	1115.9			
西 藏	Tibet	808	251	434	14	109	28868.0	4341.5	22338.3	1234.7	953.5
陕 西	Shaanxi	5		5			41.1		41.1		
甘 肃	Gansu	7	3	3	1		100.6	22.0	13.6	65.0	
青 海	Qinghai	242	104	125	8	5	12826.5	2516.0	10193.8	103.7	13.0
宁 夏	Ningxia	15	11	4			101.3	57.1	44.3		
新 疆	Xinjiang	116	44	44	2	26	5919.8	2606.8	2682.2	15.8	615.1

注 1. 面积大于或等于1km²。

2. 有40个跨省湖泊在分省数据中有重复统计。

3. 本表数据来源于2011年第一次全国水利普查。

Notes 1. The lake area is larger or equal to 1 km².

2. In the data by regions, 40 trans-provincial lakes are calculated repetitively.

3. The data in this table are sourced from the First National Water Census in 2011.

1-7　2021 年各地区降水量与 2020 年和常年值比较

Comparison of Precipitation in 2021 with 2020 and Normal Year by Region

地区 Region		降水量 /毫米 Precipitation /mm	与 2020 年比较增减 /% Increase or Decrease Comparing to 2020 /%	与常年值比较增减 /% Increase or Decrease Comparing to Normal Year /%
合　计	**Total**	**691.6**	**−2.1**	**7.4**
北　京	Beijing	924.0	65.0	62.4
天　津	Tianjin	984.1	84.1	73.5
河　北	Hebei	790.3	44.6	51.8
山　西	Shanxi	733.0	30.6	43.5
内蒙古	Inner Mongolia	343.7	11.4	25.2
辽　宁	Liaoning	933.0	24.7	38.4
吉　林	Jilin	710.4	−7.6	16.8
黑龙江	Heilongjiang	647.7	−10.4	21.8
上　海	Shanghai	1474.5	−5.2	31.5
江　苏	Jiangsu	1190.3	−3.7	18.2
浙　江	Zhejiang	1992.5	17.1	22.8
安　徽	Anhui	1291.6	−22.5	9.6
福　建	Fujian	1477.1	2.6	−13.0
江　西	Jiangxi	1587.4	−14.3	−3.5
山　东	Shandong	979.9	16.9	45.6
河　南	Henan	1127.7	29.0	46.7
湖　北	Hubei	1269.0	−22.7	9.0
湖　南	Hunan	1490.1	−13.7	2.5
广　东	Guangdong	1420.9	−9.7	−20.5
广　西	Guangxi	1383.1	−17.1	−10.5
海　南	Hainan	1881.4	14.7	3.5
重　庆	Chongqing	1404.3	−2.2	19.7
四　川	Sichuan	1004.7	−4.6	4.4
贵　州	Guizhou	1227.3	−13.4	5.9
云　南	Yunnan	1123.9	−2.9	−11.0
西　藏	Tibet	578.7	−3.6	−0.7
陕　西	Shaanxi	954.6	38.3	45.4
甘　肃	Gansu	288.5	−9.2	3.4
青　海	Qinghai	356.2	−4.9	12.6
宁　夏	Ningxia	273.5	−11.7	−5.3
新　疆	Xinjiang	161.7	13.5	2.5

1-8　2021年各水资源一级区降水量与2020年和常年值比较

Comparison of Precipitation in 2021with 2020 and Normal Year in Grade-Ⅰ Water Resources Regions

水资源 一级区	Grade-Ⅰ Water Resources Regions	降水量 /毫米 Precipitation /mm	与2020年比较增减 /% Increase or Decrease Comparing to 2020 /%	与常年值比较增减 /% Increase or Decrease Comparing to Normal Year /%
全　国	**Total**	**691.6**	**−2.1**	**7.4**
松花江区	Songhua River	633.3	−2.5	26.3
辽河区	Liaohe River	725.9	23.2	36.0
海河区	Haihe River	838.5	51.8	59.1
黄河区	Yellow River	555.0	9.4	22.7
淮河区	Huaihe River	1059.3	−0.2	26.4
长江区	Yangtze River	1152.8	−10.1	6.7
其中：太湖流域	Among Which: Taihu Lake	1419.0	−8.1	17.7
东南诸河区	Southeast Rivers	1748.3	10.5	4.0
珠江区	Pearl River	1371.1	−11.0	−11.9
西南诸河区	Southwest Rivers	1036.0	−5.1	−5.1
西北诸河区	Northwest Rivers	172.6	8.2	4.6

1-9　2021 年主要城市降水量

Monthly Precipitation of Major Cities in 2021

单位：毫米　　　　　　　　　　　　　　　　　　　　　　　　　　　　　　　　　　　　unit: mm

城市	City	1 月 Jan.	2 月 Feb.	3 月 Mar.	4 月 Apr.	5 月 May	6 月 June	7 月 July	8 月 Aug.	9 月 Sept.	10 月 Oct.	11 月 Nov.	12 月 Dec.	全年 Total of the Year
北京	Beijing	0.8	6.9	33.3	1.4	16.3	36.5	239.0	141.5	139.8	48.5	19.7	2.8	686.5
天津	Tianjin		7.9	20.2	11.7	13.6	70.6	386.2	101.2	131.1	123.7	47.5	0.2	913.9
石家庄	Shijiazhuang	1.2	18.7	26.1	3.3	39.0	33.6	488.3	74.1	150.0	184.1	38.6	6.0	1063.0
太原	Taiyuan		16.0	30.6	10.1	34.0	48.8	61.3	48.7	105.4	222.1	14.4	1.9	593.3
呼和浩特	Hohhot		2.6	16.3	30.5	7.1	55.5	122.6	111.7	27.4	11.3	4.9	0.8	390.7
沈阳	Shenyang	12.9	3.7	10.7	39.6	72.2	183.2	69.3	104.9	101.5	141.2	49.3	3.1	791.6
大连	Dalian	23.2	11.3	42.2	6.0	47.5	108.7	113.3	54.4	203.7	71.0	56.6	1.6	739.5
长春	Changchun	11.6	8.0	10.5	14.6	17.9	155.2	139.5	270.2	166.9	17.5	44.7	2.0	858.6
哈尔滨	Harbin	4.5	8.1	10.2	8.0	80.7	53.0	167.9	146.7	63.4	12.4	53.7	5.2	613.8
上海	Shanghai	20.4	60.6	76.2	44.9	151.8	75.6	314.2	336.4	166.0	64.6	72.6	3.0	1386.3
南京	Nanjing	28.1	38.2	57.1	62.5	224.9	77.7	385.6	200.0	38.6	120.2	23.2	3.7	1259.8
杭州	Hangzhou	16.2	68.7	183.0	59.5	185.4	235.7	485.5	366.5	155.1	117.8	53.2	9.9	1936.8
合肥	Hefei	20.8	38.7	90.0	40.2	120.5	93.1	486.5	80.2	36.1	127.5	26.9	7.3	1167.8
福州	Fuzhou	0.5	64.8	61.9	42.9	319.1	206.5	28.4	07.3	69.2	54.3	68.9	62.8	986.6
南昌	Nanchang	5.8	76.1	260.8	270.8	406.8	273.2	230.0	248.4	37.8	26.5	49.1	9.0	1894.3
济南	Ji'nan	1.8	26.5	26.7	41.3	20.6	64.5	391.2	149.0	190.1	51.7	77.2	2.8	1043.4
青岛	Qingdao	2.3	24.9	35.4	62.2	55.2	28.5	203.1	168.7	159.3	50.6	55.8	1.0	847.0
郑州	Zhengzhou	0.5	35.3	19.9	24.0	15.4	47.3	902.0	214.9	250.9	36.3	15.7	8.3	1570.5
武汉	Wuhan	18.4	65.6	149.2	91.8	258.4	92.5	124.0	244.1	88.3	50.5	14.7	8.3	1205.8
长沙	Changsha	11.9	113.8	130.9	162.8	323.9	134.2	111.8	73.6	24.1	79.5	57.9	31.1	1255.5
广州	Guangzhou	0.2	39.7	25.4	67.7	239.0	411.9	99.4	356.1	83.5	98.5	20.7	81.0	1523.1
南宁	Nanning	0.5	65.2	13.5	110.2	70.3	121.9	194.0	123.9	133.3	104.2	19.5	2.4	958.9
桂林	Guilin	2.8	93.7	248.4	198.6	530.5	310.0	171.1	138.6	76.7	124.2	235.1	7.0	2136.7
海口	Haikou	14.4	58.1	11.6	108.1	77.8	172.1	117.3	381.1	240.6	625.0	39.6	63.5	1909.2
重庆（沙坪坝）	Chongqing (Shapingba)	28.9	6.7	63.2	75.7	167.7	46.8	231.5	207.4	236.0	83.3	52.1	16.9	1216.2
成都（温江）	Chengdu (Wenjiang)	2.7	17.6	48.8	58.0	53.8	48.2	130.6	309.2	130.6	90.6	15.1	5.1	910.3
贵阳	Guiyang	20.5	54.8	10.9	97.3	279.1	327.3	184.6	141.4	131.7	105.4	24.2	27.5	1404.7
昆明	Kunming	1.8	13.5	0.5	55.4	46.5	316.7	225.2	168.2	79.1	70.1	27.2	16.5	1020.7
拉萨	Lhasa		0.8	7.3	0.4	65.7	35.6	124.9	138.4	65.5				438.6
西安（泾河）	Xi'an (Jinghe)	1.2	29.7	14.3	81.6	59.9	72.7	159.5	188.3	288.9	96.5	9.0	5.0	1006.6
兰州（皋兰）	Lanzhou (Gaolan)	2.3		10.5	30.9	13.2	30.3	8.2	21.2	27.7	18.9			163.2
西宁	Xining	1.6	3.5	2.4	38.1	49.6	49.6	62.2	89.0	126.7	28.3	3.3		454.3
银川	Yinchuan		1.3	27.6	14.5	14.1	11.1	1.0	8.8	48.0	5.9	14.1		146.4
乌鲁木齐	Urumqi	24.7	21.2	29.6	7.0	41.3	21.5	15.4	25.5	12.9	29.8	20.9	8.8	258.6

注　本表数据来源于《中国统计年鉴 2022》。

Source: *China Statistical Yearbook 2022.*

1-10 各流域片年平均降水量、径流量
Mean Annual Precipitation and Runoff by River Basin

各 流 域 片 River Basin		计算面积 /平方千米 Calculated Area /km²	多年平均① Average Annual Value①			
			年降水量 /毫米 Annual Precipitation /mm	年径流深 /毫米 Depth of Annual Runoff /mm	年降水总量 /亿立方米 Annual Total Precipitation /10⁸m³	年径流量 /亿立方米 Annual Runoff /10⁸m³
合 计	Total	**9545322**	**648**	**284**	**61889**	**27115**
一、黑龙江流域片	Ⅰ. Heilong River Basin	903418	496	129	4476	1166
1. 嫩江	1. Nenjiang River	267817	450	94	1205	251
2. 第二松花江	2. Second Songhua River	78723	666	210	524	165
3. 松花江干流	3. Mainstream of Songhua River	210640	573	164	1206	346
松花江流域	Songhua River Basin	557180	527	137	2935	762
二、辽河流域片	Ⅱ. Liaohe River Basin	345027	551	141	1901	487
4. 辽河流域	4. Liaohe River Basin	228960	473	65	1082	148
5. 辽宁沿海诸河	5. Coastal Rivers of Liaoning Province	60740	639	207	388	126
三、海滦河流域片	Ⅲ. Hai-Luan Rivers Basin	318161	560	91	1781	288
6. 滦河(含冀东沿海诸河)	6. Luanhe River (Including Coastal Rivers in the East of Hebei Province)	54530	565	110	308	60
7. 海河北系	7. North System of Haihe River	83119	507	80	421	67
8. 海河南系	8. South System of Haihe River	148669	580	98	862	145
9. 徒骇马颊河	9. Tuhaimajia River	31843	597	52	190	17
海河流域	Haihe River Basin	263631	559	87	1473	228
四、黄河流域片	Ⅳ. Yellow River Basin	794712	464	83	3691	661
10. 湟水	10. Huangshui River	32863	502	153	165	50
11. 洮河	11. Taohe River	25527	603	208	154	53
12. 兰州以上干流区间	12. Mainstream above Lanzhou	164161	473	149	777	244
13. 兰州—河口镇	13. Lanzhou-Hekou Town	163415	271	9	443	14
黄河上游	Upper Reaches of Yellow River	385966	399	94	1539	362
14. 河口镇—龙门	14. Hekou Town-Longmen	111595	460	54	513	60
15. 汾河	15. Fenhe River	39471	530	67	209	27
16. 泾河	16. Jinghe River	45421	539	46	245	21
17. 洛河	17. Luohe River	26905	550	37	148	10
18. 渭河	18. Weihe River	62440	629	117	393	73
19. 龙门—三门峡干流区间	19. Mainstream of Longmen-Sanmenxia	16623	573	73	95	12

注 本表数据来源于《中国水资源评价》。

Source: *China Water Resources Assessment Report.*

① 指 1956—1979 年数据平均。

① It refers to the average annual value in 1956-1979.

1-10 续表 continued

各 流 域 片	River Basin	计算面积 /平方千米 Calculated Area /km²	多年平均① Average Annual Value①			
			年降水量 /毫米 Annual Precipitation /mm	年径流深 /毫米 Depth of Annual Runoff /mm	年降水总量 /亿立方米 Annual Total Precipitation /10⁸m³	年径流量 /亿立方米 Annual Runoff /10⁸m³
20. 伊洛河	20. Yiluo River	18881	694	184	131	35
21. 沁河	21. Qinhe River	13532	642	136	87	18
22. 三门峡—花园口干流区间	22. Mainstream of Sanmenxia-Huayuankou	9202	648	133	60	12
黄河中游	Middle Reaches of Yellow River	344070	547	78	1881	267
23. 黄河下游	23. Lower Reaches of Yellow River	22407	674	130	151	29
黄河流域	Yellow River Basin	752443	475	88	3571	658
24. 鄂尔多斯内流区	24. Ordos Endorheic River Region	42269	284	8	120	3
五、淮河流域片	V. Huaihe River Basin	329211	860	225	2830	741
25. 淮河上中游	25. Upper and Middle Reaches of Huaihe River	160837	889	234	1430	376
26. 淮河下游	26. Lower Reaches of Huaihe River	30337	1015	258	308	78
27. 沂沭泗河	27. Yi-Shu-Si Rivers	78109	836	215	653	168
淮河流域	Huaihe River Basin	269283	889	231	2390	622
28. 山东沿海诸河	28. Coastal Rivers of Shandong Province	59928	733	199	439	119
六、长江流域片	VI. Yangtze River Basin	1808500	1071	526	19360	9513
29. 金沙江	29. Jinsha River	490650	706	313	3466	1535
30. 岷沱江	30. Min-Tuo Rivers	164766	1083	627	1785	1033
31. 嘉陵江	31. Jialing River	158776	965	443	1532	704
32. 乌江	32. Wujiang River	86976	1164	620	1012	539
33. 长江上游干流区间	33. Mainstream of Upper Reaches of Yangtze River	100504	1169	653	1175	656
长江上游	Upper Reaches of Yangtze River	1001672	896	446	8570	4467
34. 洞庭湖水系	34. Water System of Dongting Lake	262344	1414	767	3709	2012
35. 汉江	35. Hanjiang River	155204	900	361	1396	560
36. 鄱阳湖水系	36. Water System of Poyang Lake	162274	1598	853	2593	1384
37. 长江中游干流区间	37. Mainstream of Middle Reaches of Yangtze River	57069	1243	550	1207	534
长江中游	Middle Reaches of Yangtze River	676891	1316	663	8905	4490
38. 太湖水系	38. Water System of Taihu Lake	37464	1105	366	414	137
39. 长江下游干流区间	39. Mainstream of Lower Reaches of Yangtze River	92473	1158	453	1071	419
长江下游	Lower Reaches of Yangtze River	129937	1143	428	1485	556
七、珠江流域片	VII. Pearl River Basin	580641	1544	807	8967	4685
40. 南北盘江	40. South and North Panjiang River	82480	1122	467	925	385
41. 红水河与柳黔江	41. Hongshui River and Liuqian River	115525	1480	782	1710	903
42. 北江	42. Beijiang River	44725	1757	1096	786	490

1-10 续表 continued

各 流 域 片	River Basin	计算面积 /平方千米 Calculated Area /km²	多年平均^① Average Annual Value^①			
			年降水量 /毫米 Annual Precipitation /mm	年径流深 /毫米 Depth of Annual Runoff /mm	年降水总量 /亿立方米 Annual Total Precipitation /10⁸m³	年径流量 /亿立方米 Annual Runoff /10⁸m³
43. 东江	43. Dongjiang River	28191	1788	993	504	280
44. 珠江三角洲	44. Pearl River Delta	31443	1791	996	563	313
珠江流域	Pearl River Basin	444304	1469	751	6528	3338
45. 韩江	45. Hanjiang River	32457	1630	881	529	286
46. 粤东沿海诸河	46. Coastal Rivers of East Guangdong	13653	2058	1260	281	172
47. 桂南粤西沿海诸河	47. Coastal Rivers of South Guangxi and West Guangdong	56093	1836	1032	1030	579
48. 海南岛和南海诸岛	48. Hainan Island and South China Sea Islands	34134	1755	908	599	310
八、浙闽诸河片	Ⅷ. Rivers in Zhejiang and Fujian	239803	1758	1066	4216	2557
49. 钱塘江(含浦阳江)	49. Qiantang River (Including Puyang River)	42156	1587	875	669	369
50. 浙东诸河	50. Rivers in East Zhejiang	18592	1442	715	268	133
51. 浙南诸河	51. Rivers in South Zhejiang	32775	1718	1062	563	348
52. 闽江	52. Minjiang River	60992	1710	961	1043	586
53. 闽东沿海诸河	53. Coastal Rivers of East Fujian	15394	1747	1156	269	178
54. 闽南诸河	54. Rivers in South Fujian	33913	1563	902	530	306
九、西南诸河片	Ⅸ. Rivers in Southwest	851406	1098	688	9346	5853
55. 藏南诸河	55. Rivers in South Tibet	155778	1689	1253	2631	1952
56. 藏西诸河	56. Rivers in West Tibet	57340	129	35	74	20
十、内陆诸河片	Ⅹ. Inland Rivers	3321713	154	32	5113	1064
57. 内蒙古内陆河	57. Inland Rivers in Inner Mongolia	308067	254	4	783	12
58. 河西内陆河	58. Inland Rivers in Hexi Corridor Region	488708	123	14	599	69
59. 准噶尔内陆河	59. Inland Rivers in Junggar	316530	168	40	532	125
60. 中亚细亚内陆河	60. Inland Rivers in Central Asia	93130	468	207	436	193
61. 青海内陆河	61. Inland Rivers in Qinghai	319286	138	23	441	72
62. 羌塘内陆河	62. Inland Rivers in Qiangtang	721182	170	34	1226	246

1-11 历 年 水 资 源 量

Water Resources by Year

年份 Year	水资源总量 /亿立方米 Total Quantity of Water Resources /10⁸m³	地表水资源量 /亿立方米 Surface Water Resources /10⁸m³	地下水资源量 /亿立方米 Groundwater Resources /10⁸m³	地下水与地表 水资源重复量 /亿立方米 Duplicated Amount of Surface Water and Groundwater /10⁸m³	降水总量 /亿立方米 Total Precipitation /10⁸m³	人均水资源量 /立方米每人 Per Capita Water Resources /(m³/person)
1999	28196	27204	8387	7395	59702	2219
2000	27701	26562	8502	7363	60092	2194
2001	26868	25933	8390	7456	58122	2112
2002	28261	27243	8697	7679	62610	2207
2003	27460	26251	8299	7090	60416	2131
2004	24130	23126	7436	6433	56876	1856
2005	28053	26982	8091	7020	61010	2152
2006	25330	24358	7643	6671	57840	1932
2007	25255	24242	7617	6604	57763	1916
2008	27434	26377	8122	7065	62000	2071
2009	24180	23125	7267	6212	55966	1812
2010	30906	29798	8417	7308	65850	2310
2011	23257	22214	7215	6171	55133	1726
2012	29529	28373	8296	7141	65150	2186
2013	27958	26840	8081	6963	62674	2060
2014	27267	26264	7745	6742		1999
2015	27963	26901	7797	6735	62569	2039
2016	32466	31274	8855	7662	68672	2355
2017	28761	27746	8310	7295	62936	2086
2018	27463	26323	8247	7107	64618	1972
2019	29041	27993	8192	7144	61660	2078
2020	31605	30407	8554	7355	66899	2240
2021	29638	28311	8196	6868	65426	2099

1-12　多年平均水资源量（按地区分）

Mean Annual Water Resources (by Region)

地区	Region	平均年水资源总量 /亿立方米 Mean Annual Total Available Water Resources /10⁸m³	平均年地表水资源量 /亿立方米 Mean Annual Surface Water Resources /10⁸m³	平均年地下水资源量 /亿立方米 Mean Annual Groundwater Resources /10⁸m³	平均年地表水与地下水资源重复量 /亿立方米 Duplicated Amount of Annual Surface Water and Annual Groundwater /10⁸m³	平均年产水模数 /万立方米每平方千米 Mean Annual Water Production Modulus /(10⁴m³/km²)
全　国	Total	**27460.3**	**26478.2**	**8149.0**	**7166.9**	**29.5**
北　京	Beijing	40.8	25.3	26.2	10.7	24.3
天　津	Tianjin	14.6	10.8	5.8	2.0	12.9
河　北	Hebei	236.9	167.0	145.8	75.9	12.6
山　西	Shanxi	143.5	115.0	94.6	66.1	9.2
内蒙古	Inner Mongolia	506.7	371.0	248.3	112.6	4.4
辽　宁	Liaoning	363.2	325.0	105.5	67.3	25.0
吉　林	Jilin	390.0	345.0	110.1	65.1	20.7
黑龙江	Heilongjiang	775.8	647.0	269.3	140.5	16.6
上　海	Shanghai	26.9	18.6	12.0	3.7	43.5
江　苏	Jiangsu	325.4	249.0	115.3	38.9	31.9
浙　江	Zhejiang	897.1	885.0	213.3	201.2	88.1
安　徽	Anhui	676.8	617.0	166.6	106.8	48.5
福　建	Fujian	1168.7	1168.0	306.4	305.7	96.3
江　西	Jiangxi	1422.4	1416.0	322.6	316.2	85.1
山　东	Shandong	335.0	264.0	154.2	83.2	21.9
河　南	Henan	407.7	311.0	198.9	102.2	24.4
湖　北	Hubei	981.2	946.0	291.3	256.1	52.8
湖　南	Hunan	1626.6	1620.0	374.8	368.2	76.8
广　东	Guangdong	2134.1	2111.0	545.9	522.8	100.7
广　西	Guangxi	1880.0	1880.0	397.7	397.7	79.1
四　川	Sichuan	3133.8	3131.0	801.6	798.8	55.2
贵　州	Guizhou	1035.0	1035.0	258.9	258.9	58.8
云　南	Yunnan	2221.0	2221.0	738.0	738.0	57.9
西　藏	Tibet	4482.0	4482.0	1094.3	1094.3	37.3
陕　西	Shaanxi	441.9	420.0	165.1	143.2	21.5
甘　肃	Gansu	274.3	273.0	132.7	131.4	6.9
青　海	Qinghai	626.2	623.0	258.1	254.9	8.7
宁　夏	Ningxia	9.9	8.5	16.2	14.8	1.9
新　疆	Xinjiang	882.8	793.0	579.5	489.7	5.4

注　本表数据来源于《中国水资源评价》。

Source: *China Water Resources Assessment Report.*

1-13　2021 年水资源量（按地区分）
Water Resources in 2021 (by Region)

地区	Region	水资源总量 /亿立方米 Total Quantity of Water Resources /10^8m^3	地表水资源量 /亿立方米 Surface Water Resources /10^8m^3	地下水资源量 /亿立方米 Groundwater Resources /10^8m^3	地下水与地表 水资源重复量 /亿立方米 Duplicated Amount of Surface Water and Groundwater /10^8m^3	降水量 /毫米 Annual Precipitation /mm	人均水资源量 /立方米每人 Per Capita Water Resources /(m^3/person)
全　国	**Total**	29638.2	28310.5	8195.7	6868.0	691.6	2098.5
北　京	Beijing	61.3	31.6	47.5	17.8	924.0	280.0
天　津	Tianjin	39.8	30.5	11.0	1.7	984.1	288.4
河　北	Hebei	376.6	227.6	220.2	71.2	790.3	505.1
山　西	Shanxi	207.9	155.9	113.7	61.7	733.0	596.6
内蒙古	Inner Mongolia	942.9	788.8	238.6	84.5	343.7	3926.3
辽　宁	Liaoning	511.7	460.0	150.8	99.1	933.0	1206.3
吉　林	Jilin	459.2	380.0	166.2	87.0	710.4	1923.8
黑龙江	Heilongjiang	1196.3	1020.5	346.7	170.9	647.7	3800.2
上　海	Shanghai	53.9	45.6	11.2	2.9	1474.5	216.6
江　苏	Jiangsu	500.8	442.5	135.3	77.0	1190.3	589.8
浙　江	Zhejiang	1344.7	1323.3	261.8	240.4	1992.5	2067.5
安　徽	Anhui	883.3	798.0	211.7	126.4	1291.6	1445.9
福　建	Fujian	758.7	757.3	238.7	237.3	1477.1	1817.7
江　西	Jiangxi	1419.7	1400.6	332.0	312.9	1587.4	3142.3
山　东	Shandong	525.3	381.8	237.7	94.2	979.9	516.6
河　南	Henan	689.2	556.9	257.0	124.7	1127.7	695.3
湖　北	Hubei	1188.8	1170.4	326.2	307.8	1269.0	2054.1
湖　南	Hunan	1790.6	1783.6	437.4	430.4	1490.1	2699.3
广　东	Guangdong	1221.2	1211.3	301.3	291.4	1420.9	965.1
广　西	Guangxi	1541.2	1540.5	349.2	348.5	1383.1	3065.2
海　南	Hainan	341.6	334.9	92.9	86.2	1881.4	3362.2
重　庆	Chongqing	750.8	750.8	129.4	129.4	1404.3	2338.6
四　川	Sichuan	2924.5	2923.4	625.9	624.8	1004.7	3493.4
贵　州	Guizhou	1091.4	1091.4	263.7	263.7	1227.3	2831.1
云　南	Yunnan	1615.8	1615.8	562.9	562.9	1123.9	3433.5
西　藏	Tibet	4408.9	4408.9	993.5	993.5	578.7	120461.7
陕　西	Shaanxi	852.5	810.9	200.0	158.4	954.6	2155.8
甘　肃	Gansu	279.0	268.2	120.0	109.2	288.5	1118.0
青　海	Qinghai	842.2	824.4	362.5	344.7	356.2	14190.4
宁　夏	Ningxia	9.3	7.5	16.4	14.6	273.5	128.6
新　疆	Xinjiang	809.0	767.8	434.2	393.0	161.7	3124.2

1-14 2021年水资源量（按水资源一级区分）

Water Resources in 2021 (by Grade-I Water Resources Regions)

水资源 一级区	Grade-I Water Resources Regions	水资源总量 /亿立方米 Total Quantity of Water Resources /10^8m^3	地表水资源量 /亿立方米 Surface Water Resources /10^8m^3	地下水资源量 /亿立方米 Groundwater Resources /10^8m^3	地下水与地表水 资源重复量 /亿立方米 Duplicated Amount of Surface Water and Groundwater /10^8m^3	降水量 /毫米 Annual Precipitation /mm
全　国	**Total**	**29638.2**	**28310.5**	**8195.7**	**6868.0**	**691.6**
松花江区	Songhua River	2322.0	2043.3	582.7	304.0	633.3
辽河区	Liaohe River	697.1	584.8	231.4	119.1	725.9
海河区	Haihe River	734.8	473.2	405.2	143.6	838.5
黄河区	Yellow River	1000.9	860.0	461.8	320.9	555.0
淮河区	Huaihe River	1353.7	1064.4	503.0	213.7	1059.3
长江区	Yangtze River	11186.2	11079.0	2624.8	2517.6	1152.8
其中：太湖流域	Among Which: Taihu Lake	269.9	250.5	51.2	31.8	1419.0
东南诸河区	Southeast Rivers	1997.2	1981.0	464.1	447.9	1748.3
珠江区	Pearl River	3643.0	3625.7	888.7	871.4	1371.1
西南诸河区	Southwest Rivers	5351.8	5351.8	1289.5	1289.5	1036.0
西北诸河区	Northwest Rivers	1351.6	1247.5	744.4	640.3	172.6

1-15 历年河流水质状况
Water Quality of Rivers by Year

年份 Year	评价河长 /千米 Assessed River Length /km	分类河长占评价河长百分比/% Percentage of Classed River Length to the Total Assessed/%					
		I 类 Class-I	II 类 Class-II	III 类 Class-III	IV 类 Class-IV	V 类 Class-V	劣V类 Inferior to Class-V
2009	160696	4.6	31.1	23.2	14.4	7.4	19.3
2010	175713	4.8	30.0	26.6	13.1	7.8	17.7
2011	189359	4.6	35.6	24.0	12.9	5.7	17.2
2012	201216.4	5.5	39.7	21.8	11.8	5.5	15.7
2013	208474	4.8	42.5	21.3	10.8	5.7	14.9
2014	215763	5.9	43.5	23.4	10.8	4.7	11.7
2015	235024.2	8.1	44.3	21.8	9.9	4.2	11.7
2016	235218.8	6.5	48.3	22.1	9.6	3.7	9.8
2017	244511.8	7.8	49.6	21.1	9.5	3.7	8.3
2018	262364.2	8.7	51.0	21.9	8.7	4.2	5.5

主要统计指标解释

地表水资源量 河流、湖泊以及冰川等地表水体中可以逐年更新的动态水量，即天然河川径流量。

地下水资源量 地下饱和含水层逐年更新的动态水量，即降水和地表水入渗对地下水的补给量。

水资源总量 当地降水形成的地表和地下产水总量，即地表径流量与降水入渗补给量之和。

降水量 从天空降落到地面的液态或固态（经融化后）水，未经蒸发、渗透、流失而在地面上积聚的深度。其统计计算方法为：月降水量是将全月各日的降水量累加而得；年降水量是将 12 个月的月降水量累加而得。

径流量 在一定时段内通过河流某一过水断面的水量。

内陆水域面积 江、河、湖泊、坑塘、塘堰、水库等各种流水或蓄水的水面占地面积。

流域面积 每条河流都有自己的干流和支流，干支流共同组成这条河流的水系。每条河流都有自己的集水区域，这个集水区域就称为该河流的流域。流域面积是该集水区域的总面积。

水质等级 水质等级根据《地表水环境质量标准》（GB 3838—2002）确定，依据地表水水域环境功能和保护目标，按功能高低依次划分为五类：

Ⅰ 类：主要适用于源头水、国家自然保护区；

Ⅱ 类：主要适用于集中式生活饮用水地表水源地一级保护区、珍稀水生生物栖息地、鱼虾类产场、仔稚幼鱼的索饵场等；

Ⅲ 类：主要适用于集中式生活饮用水地表水源地二级保护区、鱼虾类越冬场、洄游通道、水产养殖区等渔业水域及游泳区；

Ⅳ 类：主要适用于一般工业用水区及人体非直接接触的娱乐用水区；

Ⅴ 类：主要适用于农业用水区及一般景观要求水域。

Explanatory Notes of Main Statistical Indicators

Surface water resources   Dynamic quantity of water that is renewable year by year in surface water bodies such as rivers, lakes or glaciers; it also means the quantity of natural river runoff.

Groundwater resources   Quantity of recharge of precipitation and surface water to the saturated rock and clay, including infiltration recharge of precipitation and surface water bodies of river courses, lakes, reservoirs, canal system and irrigation field.

Total Quantity of water resources   Total available surface and underground water that is formed by local precipitation, i.e. the sum of surface runoff and underground water infiltrated by precipitation recharge.

Precipitation   Accumulative depth of water in liquid or solid (after melting) states from the sky to the ground without evaporation, infiltration and running off. Its calculation methods are as follows: monthly precipitation shall be the total sum of everyday rainfall in a month; annual precipitation shall be the total sum of rainfalls of twelve months.

Amount of runoff   Water quantity runs through a water carrying section of a river during a fixed period of time.

Inland water area   Total land area occupied by running or stored water, including river, lake, pond, weir or reservoir etc.

Drainage area   Each river has its own mainstream and tributaries that jointly form the water system of this river. Each river has its own water catchment, and this catchment is called the river basin of this river. The area of a river basin is the total area of its catchments.

Classification of water quality   Classification of water quality is based on *Environmental quality standards for surface water* (GB 3838−2002). Water quality is classified into five levels in sequence from high to low in line with environment functions and aims of protection of the surface water bodies.

Class-I   Water can be used as source of drinking water and national nature reserve.

Class-II   Water can be used as Grade-I surface water source for centralized domestic drinking water supply, habitat of rare and endemic aquatic life, spawning ground for fish and shrimp, and feeding ground of juvenile and young fish.

Class-III   Water can be used as Grade-II surface water source for centralized domestic drinking water supply, wintering or migratory passage of fish and shrimp, water bodies used for fishery such as aquiculture and swimming.

Class-IV   Water can be used for industries and recreation without direct contact with human bodies.

Class-V   Water can be used for irrigation and landscape watering.

2 江河治理

River Regulation

简 要 说 明

　　江河治理统计资料主要包括水库数量、水库总库容、堤防长度与等级划分、水闸数量与类型以及除涝面积。

　　江河治理资料按水资源一级分区和地区分组。水库、堤防、水闸、除涝等历史数据汇总 1974 年至今的数据。

　　1. 水库统计范围为已建成水库，包括水利、电力、城建等部门建设的水库。因 2007 年湖南省对小型水库数量进行调减，因此对 2000—2006 年水库数量与库容进行相应调减。

　　2. 堤防统计范围为已建成或基本建成的河堤、湖堤、海堤、江堤、分洪区和行洪区围堤等各种堤防，生产堤、渠堤、排涝堤不做统计。本年鉴堤防长度为五级及以上堤防长度。

　　3. 水闸统计范围为江河、湖泊上防洪、分洪、节制、挡潮、排涝、引水灌溉等各种类型的水闸，水库枢纽等建筑物上的水闸不包括在内。2012 年始，水闸数量统计口径为水闸流量达到 5 立方米每秒。

　　4. 洪灾、旱灾及防治状况历史资料汇总 1949 年以来的数据，按地区整理。

　　5. 2012 年水库、堤防、水闸相关指标已与 2011 年水利普查数据进行了衔接。

Brief Introduction

Statistical data of rivers regulation mainly includes number of reservoirs, total storage capacity, embankment length and grade division, number and types of sluices and gates, and drainage area.

The data of river regulation is divided into groups in accordance with regions and basins. Historical data of reservoirs, embankments, water gates, waterlogging prevention areas is collected from 1974 until present.

1. The statistical data of reservoirs also covers reservoirs built by department of Water electricity and urban construction despite of water department. Due to the reduction for the number of small reservoirs of Hunan Province in 2007, the number of reservoirs and storage capacity in 2000–2006 were reduced accordingly.

2. The statistical scope of embankment covers various types such as river embankment and levee, lake embankment, sea dyke, embankment for flood retention and discharge basins, excluding embankment for production, canal and drainage purposes. The data of the length of embankment and dyke is about from Grade-I to Grade-V.

3. The statistical scope of sluice and gate covers various types of sluices and gates on rivers or lakes, such as those for flood control and flood diversion, control gate and tidal gate, and gate for drainage and irrigation. The gates built on the reservoirs are not included. Since 2012, only the gates with a flow higher than 5 m³/s are included.

4. Historical data of flood and drought disasters, and summary of prevention and control status are collected from 1949 until present and classified according to regions.

5. The data of reservoir, embankment, sluice and gate in 2012 is integrated with the First National Census for Water in 2011.

2-1 主 要 指 标
Key Indicators

指标名称 Indicator	单位	unit	2011	2012	2013	2014	2015	2016	2017	2018	2019	2020	2021
水库 Reservoir	座	unit	88605	97543	97721	97735	97988	98460	98795	98822	98112	98566	97036
总库容 Total Storage	亿立方米	$10^8 m^3$	7201	8255	8298	8394	8581	8967	9035	8953	8983	9306	9853
大型 Large Reservoir	座	unit	567	683	687	697	707	720	732	736	744	774	805
总库容 Total Storage	亿立方米	$10^8 m^3$	5602	6493	6529	6617	6812	7166	7210	7117	7150	7410	7944
中型 Medium Reservoir	座	unit	3346	3758	3774	3799	3844	3890	3934	3954	3978	4098	4174
总库容 Total Storage	亿立方米	$10^8 m^3$	954	1064	1070	1075	1068	1096	1117	1126	1127	1179	1197
小型 Small Reservoir	座	unit	84692	93102	93260	93239	93437	93850	94129	94132	93390	93694	92057
总库容 Total Storage	亿立方米	$10^8 m^3$	645	698	700	702	701	705	709	710	706	717	712
堤防 Embankment and Dyke	千米	km	299911	271661	276823	284425	291417	299322	306200	311932	320250	328121	331048
保护耕地面积 Protected Cultivated Area	千公顷	$10^3 ha$	42625	42597	42573	42794	40844	41087	40946	41409	41903	42168	42192
保护人口 Protected Population	万人	$10^4 persons$	57216	56566	57138	58584	58608	59468	60557	62837	64168	64591	65193
水闸 Water Gate	座	unit	44306	97256	98192	98686	103964	105283	103878	104403	103575	103474	100321
大型 Large Gate	座	unit	599	862	870	875	888	892	892	897	892	914	923
中型 Medium Gate	座	unit	4767	6308	6336	6360	6401	6473	6504	6534	6621	6697	6273
小型 Small Gate	座	unit	38942	90086	90986	91451	96675	97918	96482	96972	96062	95863	93125
除涝面积 Drainage Area	千公顷	$10^3 ha$	21722	21857	21943	22369	22713	23067	23824	24262	24530	24586	24480

2-2 历年已建成水库数量、库容和耕地灌溉面积

Number, Storage Capacity and Effective Irrigated Area of Completed Reservoirs by Year

年份 Year	已建成水库 Completed Reservoirs			大 型 水 库 Large Reservoir			中 型 水 库 Medium Reservoir			小 型 水 库 Small Reservoir		
	座数 /座 Number /unit	总库容 /亿立方米 Total Storage Capacity /10⁸m³	耕地灌溉面积 /千公顷 Irrigated Farmland Area /10³ha	座数 /座 Number /unit	总库容 /亿立方米 Total Storage Capacity /10⁸m³	耕地灌溉面积 /千公顷 Irrigated Farmland Area /10³ha	座数 /座 Number /unit	总库容 /亿立方米 Total Storage Capacity /10⁸m³	耕地灌溉面积 /千公顷 Irrigated Farmland Area /10³ha	座数 /座 Number /unit	总库容 /亿立方米 Total Storage Capacity /10⁸m³	耕地灌溉面积 /千公顷 Irrigated Farmland Area /10³ha
1982	86900	4188	15943	331	2994	6217	2353	632	4318	84216	562	5408
1983	86567	4208	15671	335	3007	6081	2367	640	4251	83865	561	5339
1984	84998	4292	15833	338	3068	6280	2387	658	4232	82273	566	5321
1985	83219	4301	15760	340	3076	6407	2401	661	4206	80478	564	5147
1986	82716	4432	15749	350	3199	6408	2115	666	4189	79951	567	5153
1987	82870	4475	15902	353	3233	6449	2428	672	4257	80089	570	5196
1988	82937	4504	15801	355	3252	6399	2462	681	4201	80120	571	5201
1989	82848	4617	15826	358	3357	6409	2480	688	4254	80010	572	5163
1990	83387	4660	15809	366	3397	6431	2499	690	4205	80522	573	5173
1991	83799	4678		367	3400		2524	698		80908	579	
1992	84130	4688		369	3407		2538	700		81223	580	
1993	84614	4717		374	3425		2562	707		81678	583	
1994	84558	4751		381	3456		2572	713		81605	582	
1995	84775	4797		387	3493		2593	719		81795	585	
1996	84905	4571		394	3260		2618	724		81893	587	
1997	84837	4583		397	3267		2634	729		81806	587	
1998	84944	4930		403	3595		2653	736		81888	598	
1999	85119	4499		400	3164		2681	743		82039	593	
2000	83260	5183		420	3843		2704	746		80136	593	
2001	83542	5280		433	3927		2736	758		80373	595	
2002	83960	5594		445	4230		2781	768		80734	596	
2003	84091	5657		453	4279		2827	783		80811	596	
2004	84363	5541		460	4147		2869	796		81034	598	
2005	84577	5623		470	4197		2934	826		81173	601	
2006	85249	5841		482	4379		3000	852		81767	610	
2007	85412	6345		493	4836		3110	883		81809	625	
2008	86353	6924		529	5386		3181	910		82643	628	
2009	87151	7064		544	5506		3259	921		83348	636	
2010	87873	7162		552	5594		3269	930		84052	638	
2011	88605	7201		567	5602		3346	954		84692	645	
2012	97543	8255		683	6493		3758	1064		93102	698	
2013	97721	8298		687	6529		3774	1070		93260	700	
2014	97735	8394		697	6617		3799	1075		93239	702	
2015	97988	8581		707	6812		3844	1068		93437	701	
2016	98460	8967		720	7166		3890	1096		93850	705	
2017	98795	9035		732	7210		3934	1117		94129	709	
2018	98822	8953		736	7117		3954	1126		94132	710	
2019	98112	8983		744	7150		3978	1127		93390	706	
2020	98566	9306		774	7410		4098	1179		93694	717	
2021	97036	9853		805	7944		4174	1197		92057	712	

2-3 2021 年已建成水库数量和库容（按地区分）

Number and Storage Capacity of Completed Reservoirs in 2021 (by Region)

地区 Region		已建成水库 Completed Reservoirs		大型水库 Large Reservoir		中型水库 Medium Reservoir		小型水库 Small Reservoir	
		座数 /座 Number /unit	总库容 /亿立方米 Total Storage Capacity /10⁸m³	座数 /座 Number /unit	总库容 /亿立方米 Total Storage Capacity /10⁸m³	座数 /座 Number /unit	总库容 /亿立方米 Total Storage Capacity /10⁸m³	座数 /座 Number /unit	总库容 /亿立方米 Total Storage Capacity /10⁸m³
合 计	**Total**	**97036**	**9853**	**805**	**7944**	**4174**	**1197**	**92057**	**712**
北 京	Beijing	83	52	3	46	17	5	63	1
天 津	Tianjin	23	25	3	22	9	3	11	0.3
河 北	Hebei	1021	208	24	184	47	17	950	7
山 西	Shanxi	617	71	11	39	72	23	534	9
内蒙古	Inner Mongolia	516	185	17	143	89	33	410	9
辽 宁	Liaoning	767	374	37	344	76	21	654	9
吉 林	Jilin	1500	326	19	282	110	31	1371	13
黑龙江	Heilongjiang	899	201	28	151	100	35	771	15
上 海	Shanghai	6	6	1	5	1	0.1	4	0.3
江 苏	Jiangsu	931	35	6	13	45	12	880	10
浙 江	Zhejiang	4299	449	34	372	166	49	4099	28
安 徽	Anhui	5683	207	18	147	113	31	5552	29
福 建	Fujian	3647	204	21	122	193	52	3433	30
江 西	Jiangxi	10666	354	36	223	265	65	10365	66
山 东	Shandong	5721	184	38	93	227	56	5456	35
河 南	Henan	2538	438	28	384	121	34	2389	20
湖 北	Hubei	6857	1247	75	1116	288	82	6494	49
湖 南	Hunan	13634	545	51	375	361	98	13222	72
广 东	Guangdong	7665	453	40	295	339	95	7286	63
广 西	Guangxi	4541	723	64	605	236	70	4241	48
海 南	Hainan	1108	114	10	77	78	24	1020	13
重 庆	Chongqing	3101	128	18	81	115	28	2968	19
四 川	Sichuan	8254	751	55	624	255	78	7944	49
贵 州	Guizhou	2631	490	27	416	165	48	2439	26
云 南	Yunnan	7498	1178	55	1053	320	78	7123	47
西 藏	Tibet	150	44	9	35	21	8	120	1
陕 西	Shaanxi	1098	111	15	65	87	34	996	12
甘 肃	Gansu	373	114	10	93	46	15	317	6
青 海	Qinghai	203	372	14	364	20	5	169	3
宁 夏	Ningxia	331	26	1	6	37	12	293	8
新 疆	Xinjiang	675	238	37	169	155	55	483	14

2-4 2021 年已建成水库数量和库容（按水资源分区分）

Number and Storage Capacity of Completed Reservoirs in 2021
(by Water Resources Sub-region)

水资源 一级区	Grade-I Water Resources Regions	已建成水库 Completed Reservoirs		大 型 水 库 Large Reservoir		中 型 水 库 Medium Reservoir		小 型 水 库 Small Reservoir	
		座数 /座 Number /unit	总库容 /亿立方米 Total Storage Capacity /10⁸m³	座数 /座 Number /unit	总库容 /亿立方米 Total Storage Capacity /10⁸m³	座数 /座 Number /unit	总库容 /亿立方米 Total Storage Capacity /10⁸m³	座数 /座 Number /unit	总库容 /亿立方米 Total Storage Capacity /10⁸m³
合 计	Total	97036	9853	805	7944	4174	1197	92057	712
松花江区	Songhua River	2304	574	49	481	201	66	2054	27
辽河区	Liaohe River	1094	483	48	430	130	39	916	14
海河区	Haihe River	1625	338	37	273	165	48	1423	17
黄河区	Yellow River	2891	871	43	750	239	81	2609	40
淮河区	Huaihe River	9020	402	61	269	293	79	8666	54
长江区	Yangtze River	52445	4590	321	3803	1693	462	50431	325
东南诸河区	Southeast Rivers	7838	643	51	488	349	98	7438	57
珠江区	Pearl River	17465	1603	140	1220	817	233	16508	150
西南诸河区	Southwest Rivers	1343	80	11	48	89	23	1243	9
西北诸河区	Northwest Rivers	1011	269	44	182	198	68	769	19

2-5 2021 年已建成水库数量和库容（按水资源分区和地区分）

Number and Storage Capacity of Completed Reservoirs in 2021
(by Water Resources Sub-region and Region)

地区	Region	已建成水库 Completed Reservoirs		大 型 水 库 Large Reservoir		中 型 水 库 Medium Reservoir		小 型 水 库 Small Reservoir	
		座数 /座 Number /unit	总库容 /亿立方米 Total Storage Capacity /10⁸m³	座数 /座 Number /unit	总库容 /亿立方米 Total Storage Capacity /10⁸m³	座数 /座 Number /unit	总库容 /亿立方米 Total Storage Capacity /10⁸m³	座数 /座 Number /unit	总库容 /亿立方米 Total Storage Capacity /10⁸m³
松花江区	**Songhua River**	**2304**	**574**	**49**	**481**	**201**	**66**	**2054**	**27**
内蒙古	Inner Mongolia	899	201	28	151	100	35	771	15
吉　林	Jilin	1334	260	17	225	85	24	1232	11
黑龙江	Heilongjiang	71	113	4	104	16	7	51	1
辽河区	**Liaohe River**	**1094**	**483**	**48**	**430**	**130**	**39**	**916**	**14**
内蒙古	Inner Mongolia	170	42	9	29	29	11	132	3
辽　宁	Liaoning	758	374	37	344	76	21	645	9
吉　林	Jilin	166	66	2	57	25	8	139	2
海河区	**Haihe River**	**1625**	**338**	**37**	**273**	**165**	**48**	**1423**	**17**
北　京	Beijing	83	52	3	46	17	5	63	1
天　津	Tianjin	23	25	3	22	9	3	11	0.3
河　北	Hebei	1021	208	24	184	47	17	950	7
山　西	Shanxi	274	27	4	13	36	10	234	4
内蒙古	Inner Mongolia	23	2	1	1	4	1	18	0.2
辽　宁	Liaoning	9	0.1					9	0.1
山　东	Shandong	87	10			34	7	53	3
河　南	Henan	105	13	2	7	18	5	85	1
黄河区	**Yellow River**	**2891**	**871**	**43**	**750**	**239**	**81**	**2609**	**40**
山　西	Shanxi	343	43	7	26	36	13	300	5
内蒙古	Inner Mongolia	137	20	2	6	26	11	109	3
山　东	Shandong	913	18	3	4	31	8	879	5
河　南	Henan	297	263	7	254	20	4	270	5
四　川	Sichuan	1	0.1					1	0.1
陕　西	Shaanxi	558	50	7	17	62	25	489	8
甘　肃	Gansu	157	86	4	78	15	5	138	3
青　海	Qinghai	154	365	12	360	12	3	130	2
宁　夏	Ningxia	331	26	1	6	37	12	293	8
淮河区	**Huaihe River**	**9020**	**402**	**61**	**269**	**293**	**79**	**8666**	**54**
江　苏	Jiangsu	420	20	3	9	19	6	398	5
安　徽	Anhui	2219	92	7	64	57	16	2155	11
山　东	Shandong	4721	156	35	89	162	41	4524	26
河　南	Henan	1660	134	16	107	55	15	1589	12

2-5 续表 continued

地区	Region	已建成水库 Completed Reservoirs		大 型 水 库 Large Reservoir		中 型 水 库 Medium Reservoir		小 型 水 库 Small Reservoir	
		座数 /座 Number /unit	总库容 /亿立方米 Total Storage Capacity /10^8m^3	座数 /座 Number /unit	总库容 /亿立方米 Total Storage Capacity /10^8m^3	座数 /座 Number /unit	总库容 /亿立方米 Total Storage Capacity /10^8m^3	座数 /座 Number /unit	总库容 /亿立方米 Total Storage Capacity /10^8m^3
长江区	**Yangtze River**	**52445**	**4590**	**321**	**3803**	**1693**	**462**	**50431**	**325**
上 海	Shanghai	6	6	1	5	1	0.1	4	0.3
江 苏	Jiangsu	511	15	3	3	26	6	482	5
浙 江	Zhejiang	257	13	5	8	13	3	239	1
安 徽	Anhui	3315	112	10	81	53	14	3252	17
江 西	Jiangxi	10666	354	36	223	265	65	10365	66
河 南	Henan	476	28	3	16	28	9	445	3
湖 北	Hubei	6857	1248	75	1116	288	82	6494	49
湖 南	Hunan	13454	541	50	374	356	97	13048	71
广 西	Guangxi	146	6	1	1	12	4	133	1
重 庆	Chongqing	3101	129	18	81	115	28	2968	19
四 川	Sichuan	8253	751	55	624	255	78	7943	49
贵 州	Guizhou	2009	319	21	266	114	34	1874	19
云 南	Yunnan	2792	989	31	943	127	28	2634	18
西 藏	Tibet	18	7	2	4	5	3	11	0.2
陕 西	Shaanxi	540	62	8	48	25	9	507	4
甘 肃	Gansu	37	10	2	8	8	2	27	0.4
青 海	Qinghai	7	1			2	0.3	5	0.3
东南诸河区	**Southeast Rivers**	**7838**	**643**	**51**	**488**	**349**	**98**	**7438**	**57**
浙 江	Zhejiang	4042	436	29	364	153	45	3860	27
安 徽	Anhui	149	3	1	2	3	1	145	0.7
福 建	Fujian	3647	203	21	122	193	52	3433	30
珠江区	**Pearl River**	**17465**	**1603**	**140**	**1220**	**817**	**233**	**16508**	**150**
湖 南	Hunan	180	4	1	1	5	1	174	1
广 东	Guangdong	7665	453	40	295	339	95	7286	63
广 西	Guangxi	4395	717	63	604	224	66	4108	47
海 南	Hainan	1108	113	10	77	78	24	1020	13
贵 州	Guizhou	622	171	6	150	51	14	565	7
云 南	Yunnan	3495	146	20	93	120	32	3355	21
西南诸河区	**Southwest Rivers**	**1343**	**80**	**11**	**48**	**89**	**23**	**1243**	**9**
云 南	Yunnan	1211	43	4	17	73	18	1134	9
西 藏	Tibet	132	37	7	31	16	5	109	1
青 海	Qinghai								
西北诸河区	**Northwest Rivers**	**1011**	**269**	**44**	**182**	**198**	**68**	**769**	**19**
内蒙古	Inner Mongolia	115	8	1	3	14	3	100	2
甘 肃	Gansu	179	18	4	7	23	8	152	3
青 海	Qinghai	42	7	2	4	6	2	34	1
新 疆	Xinjiang	675	237	37	168	155	55	483	14

2-6　历年堤防长度、保护耕地、保护人口和达标长度

Length of Embankment and Dyke, Protected Farmland and Population, Length of Up-to-standard Embankment and Dyke by Year

年份 Year	长度 /千米 Length /km	保护耕地 /千公顷 Protected Farmland /10³ha	保护人口 /万人 Protected Population /10⁴ persons	累计达标堤防长度 /千米 Accumulated Length of Up-to-standard Embankment and Dyke /km	#1级、2级堤防 Grade-I and Grade-II Embankment and Dyke	新增达标堤防长度 /千米 Newly-increased Length of Up-to-standard Embankment and Dyke /km	主要堤防 Key Embankment and Dyke 长度 /千米 Length /km	主要堤防 保护面积 /千公顷 Protected Farmland Area /10³ha	一般堤防 General Embankment and Dyke 长度 /千米 Length /km	一般堤防 保护面积 /千公顷 Protected Farmland Area /10³ha
1981	170644	33621					43256	22363	127388	11258
1982	170645	33621					43256	22363	127389	11258
1983	175499	33882					46125	22335	129374	11547
1984	178958	35459					53046	22912	125912	12547
1985	177048	31060					53739	20714	123309	10346
1986	185045	31665					55706	21279	129339	10387
1987	200175	32205					56067	21131	144108	11073
1988	203709	32330					56267	21115	147442	11215
1989	216979	31966					56634	20785	160345	11180
1990	225770	31616					57499	20954	168271	10661
1991	237746	29507					59536	18257	178210	11251
1992	242246	29565					60112	18521	182134	11044
1993	245130	30885					61140	18639	183990	12246
1994	245876	30246					61803	18337	184073	11910
1995	246680	30609					63423	18777	183257	11833
1996	248243	32686					64706	21638	183537	11048
1997	250815	40476					65729	26982	185086	13493
1998	258600	36289					69879	24840	188721	11449
1999	266278	38575					74021	26014	192257	12561
2000	270364	39595	46586				76769	27458	193595	12137
2001	273401	40671	47939	76532	15875	8369				
2002	273786	42862	50049	82395	21181	11426				
2003	275171	43875	51304	88030	22854	5634				
2004	277305	43934	53065	94634	22679	6647				
2005	277450	44121	54174	98147	23240	3856				
2006	280850	45486	55403	106334	23609	5883				
2007	283770	45518	56487	109349	24347	4243				
2008	286896	45712	57289	112837	25309	5115				
2009	291420	46547	58978	116739	26256	4515				
2010	294104	46831	59853	121440	27865	4697				
2011	299911	42625	57216	128557	28419	7413				
2012	271661	42597	56566	177490	27949	11080				
2013	276823	42573	57138	179763	29452	9170				
2014	284425	42794	58584	188681	30382	9098				
2015	291417	40844	58608	196536	31164	8005				
2016	299322	41087	59468	201124	32266	6733				
2017	306200	40946	60557	210286	33381	9114				
2018	311932	41409	62837	217607	33983	8439				
2019	320250	41903	64168	227312	35267	9533				
2020	328121	42168	64591	239633	36882	8282				
2021	331048	42192	65193	247880	37634	8767				

2-7 2021 年堤防长度、保护耕地、保护人口和达标长度（按地区分）

Length of Embankment and Dyke, Protected Farmland and Population, Length of Up-to-standard Embankment and Dyke in 2021 (by Region)

地区	Region	长度 /千米 Length /km	保护耕地 /千公顷 Protected Farmland /10³ha	保护人口 /万人 Protected Population /10⁴persons	累计达标 堤防长度 /千米 Accumulated Length of Up-to-standard Embankment and Dyke /km	#1级、2级 堤防 Grade-Ⅰ and Grade-Ⅱ Embankment and Dyke	新增达标 堤防长度 /千米 Newly-increased Length of Up-to-standard Embankment and Dyke /km
合　计	**Total**	**331048**	**42192**	**65193**	**247880**	**37634**	**8767**
北　京	Beijing	1642	209	439	1506	589	84
天　津	Tianjin	2164	340	1387	1022	767	8
河　北	Hebei	11031	3298	3531	5530	1741	19
山　西	Shanxi	7525	697	1078	6050	541	353
内蒙古	Inner Mongolia	7225	1743	1329	5727	1417	123
辽　宁	Liaoning	13102	1516	1990	11005	2331	87
吉　林	Jilin	8476	1331	1098	5522	1585	104
黑龙江	Heilongjiang	14276	3436	1262	9451	2136	257
上　海	Shanghai	1603	165	2465	1603	1264	61
江　苏	Jiangsu	51193	2996	5254	43342	5070	10
浙　江	Zhejiang	19906	1330	3733	16939	1245	602
安　徽	Anhui	20161	2821	3506	14573	2805	1121
福　建	Fujian	5843	470	1847	4573	354	173
江　西	Jiangxi	10340	1052	2202	8604	468	43
山　东	Shandong	23680	4196	4695	17647	4743	307
河　南	Henan	17630	3551	4671	11920	1558	116
湖　北	Hubei	18944	3042	4055	8497	2099	593
湖　南	Hunan	12892	1750	2511	6462	1360	195
广　东	Guangdong	24637	1137	6323	14934	2590	166
广　西	Guangxi	3332	323	1279	2414	164	187
海　南	Hainan	787	126	361	572	67	9
重　庆	Chongqing	3204	218	1077	3064	133	305
四　川	Sichuan	7506	928	2690	6954	363	430
贵　州	Guizhou	4347	414	950	4103	241	402
云　南	Yunnan	9710	663	1270	8527	164	845
西　藏	Tibet	3050	57	108	2571	130	440
陕　西	Shaanxi	6242	639	1222	5596	983	196
甘　肃	Gansu	9362	570	1082	8652	438	814
青　海	Qinghai	2671	77	157	2614	156	208
宁　夏	Ningxia	953	198	228	896		
新　疆	Xinjiang	7612	2899	1392	7099	131	510

2-8　2021 年堤防长度、保护耕地、保护人口和达标长度
（按水资源分区分）

Length of Embankment and Dyke, Protected Farmland and Population,
Length of Up-to-standard Embankment and Dyke in 2021
(by Water Resources Sub-region)

水资源 一级区 Grade-I Water Resources Regions	长度 /千米 Length /km	保护耕地 /千公顷 Protected Farmland /10³ha	保护人口 /万人 Protected Population /10⁴ persons	累计达标 堤防长度 /千米 Accumulated Length of Up-to-standard Embankment and Dyke /km	#1 级、2 级 堤防 Grade-I and Grade-II Embankment and Dyke	新增达标 堤防长度 /千米 Newly-increased Length of Up-to-standard Embankment and Dyke /km
合　计　Total	331048	42192	65193	247880	37634	8767
松花江区　Songhua River	23418	4955	2569	15850	3883	353
辽河区　Liaohe River	16502	2199	2589	13282	2990	148
海河区　Haihe River	23923	5451	7161	14594	4894	312
黄河区　Yellow River	24125	2897	3914	21233	3135	978
淮河区　Huaihe River	73120	9362	11289	57001	8276	769
长江区　Yangtze River	101283	10410	21824	73580	9985	3751
东南诸河区　Southeast Rivers	17769	1458	4898	14491	1119	312
珠江区　Pearl River	32652	1821	8472	21187	2840	593
西南诸河区　Southwest Rivers	7514	400	686	6817	196	815
西北诸河区　Northwest Rivers	10742	3240	1791	9845	316	737

2-9 2021 年堤防长度、保护耕地、保护人口和达标长度
（按水资源分区和地区分）

Length of Embankment and Dyke, Protected Farmland and Population, Length of Up-to-standard Embankment and Dyke in 2021
(by Water Resources Sub-region and Region)

地区 Region		长度 /千米 Length /km	保护耕地 /千公顷 Protected Farmland /10³ha	保护人口 /万人 Protected Population /10⁴persons	累计达标 堤防长度 /千米 Accumulated Length of Up-to-standard Embankment and Dyke /km	#1 级、2 级 堤防 Grade-I and Grade-II Embankment and Dyke	新增达标 堤防长度 /千米 Newly-increased Length of Up-to-standard Embankment and Dyke /km
松花江区	**Songhua River**	**23418**	**4955**	**2569**	**15850**	**3883**	**353**
内蒙古	Inner Mongolia	1505	384	373	1461	250	5
吉 林	Jilin	7637	1135	934	4938	1497	92
黑龙江	Heilongjiang	14276	3436	1262	9451	2136	257
辽河区	**Liaohe River**	**16502**	**2199**	**2589**	**13282**	**2990**	**148**
内蒙古	Inner Mongolia	2678	488	438	1811	574	49
辽 宁	Liaoning	12984	1515	1986	10887	2328	87
吉 林	Jilin	839	196	164	584	88	12
海河区	**Haihe River**	**23923**	**5451**	**7161**	**14594**	**4894**	**312**
北 京	Beijing	1642	209	439	1506	589	84
天 津	Tianjin	2164	340	1387	1022	767	8
河 北	Hebei	11031	3298	3531	5530	1741	19
山 西	Shanxi	2593	233	330	1952	245	192
内蒙古	Inner Mongolia	78	3	29	75		
辽 宁	Liaoning	118	1	4	118	3	
山 东	Shandong	5130	1052	988	3710	1366	
河 南	Henan	1167	315	454	680	184	8
黄河区	**Yellow River**	**24125**	**2897**	**3914**	**21233**	**3135**	**978**
山 西	Shanxi	4932	464	748	4098	296	161
内蒙古	Inner Mongolia	2514	848	418	1993	593	51
山 东	Shandong	1098	188	221	779	131	16
河 南	Henan	3051	433	640	2502	882	49
四 川	Sichuan	28	0.6	7	28		4
陕 西	Shaanxi	3882	484	905	3567	860	107
甘 肃	Gansu	5584	244	651	5310	264	396
青 海	Qinghai	2084	37	93	2061	108	194
宁 夏	Ningxia	953	198	228	896		
淮河区	**Huaihe River**	**73120**	**9362**	**11289**	**57001**	**8276**	**769**
江 苏	Jiangsu	34363	1961	2506	27975	2759	
安 徽	Anhui	8834	1901	2066	7871	1785	437
山 东	Shandong	17452	2956	3486	13159	3246	291
河 南	Henan	12472	2543	3231	7997	486	41

2-9 续表 continued

地区	Region	长度 /千米 Length /km	保护耕地 /千公顷 Protected Farmland /10³ha	保护人口 /万人 Protected Population /10⁴persons	累计达标 堤防长度 /千米 Accumulated Length of Up-to-standard Embankment and Dyke /km	#1级、2级 堤防 Grade-I and Grade-II Embankment and Dyke	新增达标 堤防长度 /千米 Newly-increased Length of Up-to-standard Embankment and Dyke /km
长江区	**Yangtze River**	**101283**	**10410**	**21824**	**73580**	**9985**	**3751**
上　海	Shanghai	1603	165	2465	1603	1264	61
江　苏	Jiangsu	16831	1034	2748	15367	2311	10
浙　江	Zhejiang	8143	348	693	7184	480	464
安　徽	Anhui	11165	914	1428	6540	1020	684
江　西	Jiangxi	10340	1052	2202	8604	468	43
河　南	Henan	941	259	346	742	6	18
湖　北	Hubei	18944	3042	4055	8497	2099	593
湖　南	Hunan	12757	1735	2465	6333	1360	193
广　西	Guangxi	81	25	59	71		13
重　庆	Chongqing	3204	218	1077	3064	133	305
四　川	Sichuan	7478	928	2683	6926	363	427
贵　州	Guizhou	2883	304	758	2715	228	328
云　南	Yunnan	2694	184	358	2284	94	273
西　藏	Tibet	174	2	6	174		28
陕　西	Shaanxi	2361	156	317	2029	123	89
甘　肃	Gansu	1558	44	148	1352	37	222
青　海	Qinghai	126	1	18	95		
东南诸河区	**Southeast Rivers**	**17769**	**1458**	**4898**	**14491**	**1119**	**312**
浙　江	Zhejiang	11764	982	3040	9756	764	138
安　徽	Anhui	162	7	11	162		
福　建	Fujian	5843	470	1847	4573	354	173
珠江区	**Pearl River**	**32652**	**1821**	**8472**	**21187**	**2840**	**593**
湖　南	Hunan	135	15	46	128		2
广　东	Guangdong	24637	1137	6323	14934	2590	166
广　西	Guangxi	3251	298	1220	2342	164	175
海　南	Hainan	787	126	361	572	67	9
贵　州	Guizhou	1464	110	192	1388	13	73
云　南	Yunnan	2378	135	329	1823	5	168
西南诸河区	**Southwest Rivers**	**7514**	**400**	**686**	**6817**	**196**	**815**
云　南	Yunnan	4638	345	584	4420	66	403
西　藏	Tibet	2877	55	102	2397	130	412
青　海	Qinghai						
西北诸河区	**Northwest Rivers**	**10742**	**3240**	**1791**	**9845**	**316**	**737**
内蒙古	Inner Mongolia	449	20	71	388		17
甘　肃	Gansu	2221	282	283	1989	137	196
青　海	Qinghai	461	39	46	458	48	14
新　疆	Xinjiang	7612	2899	1392	7009	131	510

2-10 历 年 水 闸 数 量

Number of Water Gates by Year

单位：座   unit: unit

年份 Year	合计 Total	按过闸流量大小分 Classified According to Flow			按作用分 Classified According to Functions				
		大型 Large Gate	中型 Medium Gate	小型 Small Gate	分洪闸 Flood Diversion Gate	节制闸 Control Gate	排水闸 Drainage Gate	引水闸 Water Diversion Gate	挡潮闸 Tide Gate
1981	26834	252	1837	24745					
1982	24906	253	1949	22704					
1983	24980	263	1912	22805					
1984	24862	290	1941	22631					
1985	24816	294	1957	22565					
1986	25315	299	2032	22984					
1987	26131	299	2060	23772					
1988	26319	300	2060	23959					
1989	26739	308	2086	24345					
1990	27649	316	2126	25207					
1991	29390	320	2228	26842					
1992	30571	322	2296	27953					
1993	30730	325	2676	27729					
1994	31097	320	2740	28037					
1995	31434	333	2794	28307					
1996	31427	333	2821	28273					
1997	31697	340	2836	28521					
1998	31742	353	2910	28479					
1999	32918	359	3025	29534					
2000	33702	402	3115	30185					
2001	36875	410							
2002	39144	431							
2003	39834	416							
2004	39313	413							
2005	39839	405							
2006	41209	426	3495	37288					
2007	41110	438	3531	37141	2656	11663	14288	7562	4941
2008	41626	504	4182	36940	2647	11904	14381	7686	5008
2009	42523	565	4661	37297	2672	12824	14488	7895	4644
2010	43300	567	4692	38041	2797	12951	14676	8182	4694
2011	44306	599	4767	38942	2878	13313	14937	8427	4751
2012	97256	862	6308	90086	7962	55297	17229	10955	5813
2013	98192	870	6336	90986	7985	55758	17509	11106	5834
2014	98686	875	6360	91451	7993	56157	17581	11124	5831
2015	103964	888	6401	96675	10817	54687	18800	14296	5364
2016	105283	892	6473	97918	10557	57013	18210	14350	5153
2017	103878	892	6504	96482	8363	57670	18280	14435	5130
2018	104403	897	6534	96972	8373	57972	18355	14570	5133
2019	103575	892	6621	96062	8293	57831	18449	13830	5172
2020	103474	914	6697	95863	8249	57942	18345	13829	5109
2021	100321	923	6273	93125	8193	55569	17808	13796	4955

2-11　2021年水闸数量（按地区分）

Number of Water Gates in 2021 (by Region)

单位：座

地区	Region	合计 Total	按过闸流量大小分 Classified According to Flow			按作用分 Classified According to Functions				
			大型 Large Gate	中型 Medium Gate	小型 Small Gate	分洪闸 Flood Diversion Gate	节制闸 Control Gate	排水闸 Drainage Gate	引水闸 Water Diversion Gate	挡潮闸 Tide Gate
合　计	**Total**	**100321**	**923**	**6273**	**93125**	**8193**	**55569**	**17808**	**13796**	**4955**
北　京	Beijing	428	14	64	350	13	403	5	7	
天　津	Tianjin	1107	13	52	1042	37	531	220	308	11
河　北	Hebei	2809	17	272	2520	205	1593	453	524	34
山　西	Shanxi	729	3	38	688	66	431	100	132	
内蒙古	Inner Mongolia	1749	7	108	1634	264	945	67	473	
辽　宁	Liaoning	1289	44	144	1101	77	447	197	493	75
吉　林	Jilin	507	24	67	416	73	229	98	107	
黑龙江	Heilongjiang	1535	16	175	1344	250	435	527	323	
上　海	Shanghai	2577		60	2517	1	2520			56
江　苏	Jiangsu	21555	39	501	21015	298	15935	2536	2641	145
浙　江	Zhejiang	9018	18	396	8604	372	5533	1259	256	1598
安　徽	Anhui	4676	62	350	4264	593	2026	1250	807	
福　建	Fujian	1882	37	318	1527	443	300	448	103	588
江　西	Jiangxi	3948	28	233	3687	983	1554	1014	397	
山　东	Shandong	5335	105	597	4633	245	2796	742	1494	58
河　南	Henan	4037	37	343	3657	178	1782	1385	692	
湖　北	Hubei	6807	24	167	6616	658	2910	1913	1326	
湖　南	Hunan	9982	133	694	9155	937	7364	851	830	
广　东	Guangdong	8238	148	766	7324	846	1497	3434	387	2074
广　西	Guangxi	1608	50	150	1408	271	283	567	175	312
海　南	Hainan	203	3	27	173	54	87	32	26	4
重　庆	Chongqing	64	2	27	35	13	23		28	
四　川	Sichuan	1335	49	100	1186	369	678	56	232	
贵　州	Guizhou	16	1	2	13		1	3	12	
云　南	Yunnan	1712	4	196	1512	98	1352	39	223	
西　藏	Tibet	41	1	6	34	3	16		22	
陕　西	Shaanxi	620	8	18	594	77	198	158	187	
甘　肃	Gansu	1250	4	75	1171	187	843	81	139	
青　海	Qinghai	126	6	30	90	6	23	10	87	
宁　夏	Ningxia	411		16	395	37	186	100	88	
新　疆	Xinjiang	4727	26	281	4420	539	2648	263	1277	

2-12 2021 年水闸数量（按水资源分区分）

Number of Water Gates in 2021 (by Water Resources Sub-region)

单位：座

unit: unit

水资源 一级区	Grade-I Water Resources Regions	合计 Total	按过闸流量大小分 Classified According to Flow			按作用分 Classified According to Functions				
			大型 Large Gate	中型 Medium Gate	小型 Small Gate	分洪闸 Flood Diversion Gate	节制闸 Control Gate	排水闸 Drainage Gate	引水闸 Water Diversion Gate	挡潮闸 Tide Gate
合　计	**Total**	**100321**	**923**	**6273**	**93125**	**8193**	**55569**	**17808**	**13796**	**4955**
松花江区	Songhua River	2149	39	244	1866	323	709	646	471	
辽河区	Liaohe River	2001	44	215	1742	275	785	215	651	75
海河区	Haihe River	7571	70	555	6946	483	3872	1150	1998	68
黄河区	Yellow River	2936	25	168	2743	198	1539	510	689	
淮河区	Huaihe River	23190	196	1313	21681	559	14439	4463	3567	162
长江区	Yangtze River	38686	257	1687	36742	3674	25974	5176	3786	76
东南诸河区	Southeast Rivers	6597	54	677	5866	724	2069	1264	356	2184
珠江区	Pearl River	10842	207	1023	9612	1220	2440	4063	729	2390
西南诸河区	Southwest Rivers	256	2	41	213	21	184	10	41	
西北诸河区	Northwest Rivers	6093	29	350	5714	716	3558	311	1508	

2-13　2021年水闸数量（按水资源分区和地区分）

Number of Water Gates in 2021 (by Water Resources Sub-region and Region)

单位：座　　unit: unit

地区	Region	合计 Total	按过闸流量大小分 Classified According to Flow			按作用分 Classified According to Functions				
			大型 Large Gate	中型 Medium Gate	小型 Small Gate	分洪闸 Flood Diversion Gate	节制闸 Control Gate	排水闸 Drainage Gate	引水闸 Water Diversion Gate	挡潮闸 Tide Gate
松花江区	**Songhua River**	**2149**	**39**	**244**	**1866**	**323**	**709**	**646**	**471**	
内蒙古	Inner Mongolia	167		17	150	10	76	30	51	
吉 林	Jilin	447	23	52	372	63	198	89	97	
黑龙江	Heilongjiang	1535	16	175	1344	250	435	527	323	
辽河区	**Liaohe River**	**2001**	**44**	**215**	**1742**	**275**	**785**	**215**	**651**	**75**
内蒙古	Inner Mongolia	666	6	59	601	188	307	9	162	
辽 宁	Liaoning	1275	37	141	1097	77	447	197	479	75
吉 林	Jilin	60	1	15	44	10	31	9	10	
海河区	**Haihe River**	**7571**	**70**	**555**	**6946**	**483**	**3872**	**1150**	**1998**	**68**
北 京	Beijing	428	14	64	350	13	403	5	7	
天 津	Tianjin	1107	13	52	1042	37	531	220	308	11
河 北	Hebei	2809	17	272	2520	205	1593	453	524	34
山 西	Shanxi	430		16	414	42	229	62	97	
内蒙古	Inner Mongolia	2			2				2	
辽 宁	Liaoning	14	7	3	4				14	
山 东	Shandong	2289	18	115	2156	125	877	321	943	23
河 南	Henan	492	1	33	458	61	239	89	103	
黄河区	**Yellow River**	**2936**	**25**	**168**	**2743**	**198**	**1539**	**510**	**689**	
山 西	Shanxi	299	3	22	274	24	202	38	35	
内蒙古	Inner Mongolia	734	1	28	705	49	450	27	208	
山 东	Shandong	120	5	14	101	7	53	37	23	
河 南	Henan	752	4	38	710	21	420	155	156	
四 川	Sichuan									
陕 西	Shaanxi	432	5	10	417	27	160	109	136	
甘 肃	Gansu	150	1	11	138	27	53	41	29	
青 海	Qinghai	38	6	29	3	6	15	3	14	
宁 夏	Ningxia	411		16	395	37	186	100	88	
淮河区	**Huaihe River**	**23190**	**196**	**1313**	**21681**	**559**	**14439**	**4463**	**3567**	**162**
江 苏	Jiangsu	14978	36	331	14611	156	10222	2287	2186	127
安 徽	Anhui	2789	47	255	2487	214	1350	741	484	
山 东	Shandong	2926	82	468	2376	113	1866	384	528	35
河 南	Henan	2497	31	259	2207	76	1001	1051	369	

2-13　续表　continued

地区 Region		合计 Total	按过闸流量大小分 Classified According to Flow			按作用分 Classified According to Functions				
			大型 Large Gate	中型 Medium Gate	小型 Small Gate	分洪闸 Flood Diversion Gate	节制闸 Control Gate	排水闸 Drainage Gate	引水闸 Water Diversion Gate	挡潮闸 Tide Gate
长江区	**Yangtze River**	**38686**	**257**	**1687**	**36742**	**3674**	**25974**	**5176**	**3786**	**76**
上　海	Shanghai	2577		60	2517	1	2520			56
江　苏	Jiangsu	6577	3	170	6404	142	5713	249	455	18
浙　江	Zhejiang	4303	1	37	4265	91	3764	443	3	2
安　徽	Anhui	1887	15	95	1777	379	676	509	323	
江　西	Jiangxi	3948	28	233	3687	983	1554	1014	397	
河　南	Henan	296	1	13	282	20	122	90	64	
湖　北	Hubei	6807	24	167	6616	658	2910	1913	1326	
湖　南	Hunan	9965	130	684	9151	935	7351	851	828	
广　西	Guangxi	11			11		7		4	
重　庆	Chongqing	64	2	27	35	13	23		28	
四　川	Sichuan	1335	49	100	1186	369	678	56	232	
贵　州	Guizhou	12	1		11				12	
云　南	Yunnan	714		93	621	33	618	2	61	
西　藏	Tibet									
陕　西	Shaanxi	188	3	8	177	50	38	49	51	
甘　肃	Gansu									
青　海	Qinghai	2			2				2	
东南诸河区	**Southeast Rivers**	**6597**	**54**	**677**	**5866**	**724**	**2069**	**1264**	**356**	**2184**
浙　江	Zhejiang	4715	17	359	4339	281	1769	816	253	1596
安　徽	Anhui									
福　建	Fujian	1882	37	318	1527	443	300	448	103	588
珠江区	**Pearl River**	**10842**	**207**	**1023**	**9612**	**1220**	**2440**	**4063**	**729**	**2390**
湖　南	Hunan	17	3	10	4	2	13		2	
广　东	Guangdong	8238	148	766	7324	846	1497	3434	387	2074
广　西	Guangxi	1597	50	150	1397	271	276	567	171	312
海　南	Hainan	203	3	27	173	54	87	32	26	4
贵　州	Guizhou	4		2	2		1	3		
云　南	Yunnan	783	3	68	712	47	566	27	143	
西南诸河区	**Southwest Rivers**	**256**	**2**	**41**	**213**	**21**	**184**	**10**	**41**	
云　南	Yunnan	215	1	35	179	18	168	10	19	
西　藏	Tibet	41	1	6	34	3	16		22	
青　海	Qinghai									
西北诸河区	**Northwest Rivers**	**6093**	**29**	**350**	**5714**	**716**	**3558**	**311**	**1508**	
内蒙古	Inner Mongolia	180		4	176	17	112	1	50	
甘　肃	Gansu	1100	3	64	1033	160	790	40	110	
青　海	Qinghai	86		1	85		8	7	71	
新　疆	Xinjiang	4727	26	281	4420	539	2648	263	1277	

2-14 历 年 水 旱 灾 害

Flood and Drought Disasters by Year

年份 Year	洪 灾 Flood Disasters							旱 灾 Drought Disasters		
	受灾面积 /千公顷 Disaster- affected Area /10³ha	成灾面积 /千公顷 Damaged Area /10³ha	成灾率 /% Percentage of Damaged Area /%	受灾人口 /万人 Affected Population /10⁴persons	死亡人口 /人 Death Toll /person	直接经济总损失 /亿元 Total Direct Economic Loss /10⁸yuan	水利设施经济损失 /亿元 Economic Loss of Water Facilities /10⁸yuan	受灾面积 /千公顷 Disaster- affected Area /10³ha	成灾面积 /千公顷 Damaged Area /10³ha	成灾率 /% Percentage of Damaged Area /%
1949	9282								52	
1950	6559	4710	71.8	1982				2398	589	24.6
1951	4173	1476	35.4	7819				7829	2299	29.4
1952	2794	1547	55.4	4162				4236	2565	60.6
1953	7187	3285	45.7	3308				8616	1341	15.6
1954	16131	11305	70.1	42447				2988	560	18.7
1955	5247	3067	58.5	2718				13433	4024	30.0
1956	14377	10905	75.9	10676				3127	2051	65.6
1957	8083	6032	74.6	4415				17205	7400	43.0
1958	4279	1441	33.7	3642				22361	5031	22.5
1959	4813	1817	37.8	4540				33807	11173	33.1
1960	10155	4975	49.0	6033				38125	16177	42.4
1961	8910	5356	60.1	5074				37847	18654	49.3
1962	9810	6318	64.4	4350				20808	8691	41.8
1963	14071	10479	74.5	10441				16865	9021	53.5
1964	14933	10038	67.2	4288				4219	1423	33.7
1965	5587	2813	50.3	1906				13631	8107	59.5
1966	2508	950	37.9	1901				20015	8106	40.5
1967	2599	1407	54.1	1095				6764	3065	45.3
1968	2670	1659	62.1	1159				13294	7929	59.6
1969	5443	3265	60.0	4667				7624	3442	45.1
1970	3129	1234	39.4	2444				5723	1931	33.7
1971	3989	1481	37.1	2323				25049	5319	21.2
1972	4083	1259	30.8	1910				30699	13605	44.3
1973	6235	2577	41.3	3413				27202	3928	14.4
1974	6431	2737	42.6	1849				25553	2296	9.0
1975	6817	3467	50.9	29653				24832	5318	21.4
1976	4197	1329	31.7	1817				27492	7849	28.5
1977	9095	4989	54.9	3163				29852	7005	23.5
1978	2820	924	32.8	1796				40169	17969	44.7
1979	6775	2870	42.4	3446				24646	9316	37.8
1980	9146	5025	54.9	3705				26111	12485	47.8
1981	8625	3973	46.1	5832				25693	12134	47.2

2-14　续表　continued

年份 Year	洪　灾 Flood Disasters							旱　灾 Drought Disasters		
	受灾面积 /千公顷 Disaster- affected Area /10³ha	成灾面积 /千公顷 Damaged Area /10³ha	成灾率 /% Percentage of Damaged Area /%	受灾人口 /万人 Affected Population /10⁴persons	死亡人口 /人 Death Toll /person	直接经济总损失 /亿元 Total Direct Economic Loss /10⁸yuan	水利设施经济损失 /亿元 Economic Loss of Water Facilities /10⁸yuan	受灾面积 /千公顷 Disaster- affected Area /10³ha	成灾面积 /千公顷 Damaged Area /10³ha	成灾率 /% Percentage of Damaged Area /%
1982	8361	4463	53.4		5323			20697	9972	48.2
1983	12162	5747	47.3		7238			16089	7586	47.2
1984	10632	5361	50.4		3941			15819	7015	44.3
1985	14197	8949	63.0		3578			22989	10063	43.8
1986	9155	5601	61.2		2761			31042	14765	47.6
1987	8686	4104	47.2		3749			24920	13033	52.3
1988	11949	6128	51.3		4094			32904	15303	46.5
1989	11328	5917	52.2		3270			29358	15262	52.0
1990	11804	5605	47.5		3589	239		18175	7805	42.9
1991	24596	14614	59.4		5113	779		24914	10559	42.4
1992	9423	4464	47.4		3012	413		32980	17049	51.7
1993	16387	8610	52.5		3499	642		21098	8659	41.0
1994	18859	11490	60.9	21523	5340	1797		30282	17049	56.3
1995	14367	8001	55.7	20070	3852	1653		23455	10374	44.2
1996	20388	11823	58.0	25384	5840	2208		20151	6247	31.0
1997	13135	6515	49.6	18067	2799	930		33514	20010	59.7
1998	22292	13785	61.8	18655	4150	2551	287	14237	5068	35.6
1999	9605	5389	56.1	13013	1896	930	132	30153	16614	55.1
2000	9045	5396	59.7	12936	1942	712	103	40541	26777	66.0
2001	7138	4253	59.6	11087	1605	623	98	38480	23702	61.6
2002	12384	7439	60.1	15204	1819	838	166	22207	13247	59.7
2003	20366	13000	63.8	22572	1551	1301	173	24852	14470	58.2
2004	7782	4017	51.6	10673	1282	714	113	17255	7951	46.1
2005	14967	8217	54.9	20026	1660	1662	249	16028	8479	52.9
2006	10522	5592	53.2	13882	2276	1333	208	20738	13411	64.7
2007	12549	5969	47.6	17698	1230	1123	177	29386	16170	55.0
2008	8867	4537	51.2	14047	633	955	172	12137	6798	56.0
2009	8748	3796	43.4	11102	538	846	148	29259	13197	45.1
2010	17867	8728	48.9	21085	3222	3745	692	13259	8987	67.8
2011	7192	3393	47.2	8942	519	1301	210	16304	6599	40.4
2012	11218	5871	52.3	12367	673	2675	468	9333	3509	37.6
2013	11901	6623	55.7	12022	775	3146	445	11220	6971	62.1
2014	5919	2830	47.8	7382	486	1574	249	12272	5677	46.3
2015	6132	3054	49.8	7641	319	1661	254	10067	5577	55.4
2016	9443	5063	53.6	10095	686	3643	698	9873	6131	62.0
2017	5196	2781	53.5	5515	316	2143	345	9946	4490	45.1
2018	6427	3131	48.7	5577	187	1615	258	7397	3667	49.6
2019	6680			4767	573	1923	409	8778	4180	47.6
2020	7190			7862	230	2670	646	8352	4081	48.9
2021	4760			5901	512	2459	481	4448	2277	51.2

2-15 2021 年水旱灾害（按地区分）

Flood and Drought Disasters in 2021 (by Region)

地区	Region	洪　灾 Flood Disasters					旱　灾 Drought Disasters	
		受灾面积 /千公顷 Disaster-affected Area /10³ha	受灾人口 /万人 Affected Population /10⁴persons	死亡人口 /人 Death Toll /person	直接经济总损失 /亿元 Total Direct Economic Loss /10⁸yuan	水利设施经济损失 /亿元 Economic Loss of Water Facilities /10⁸yuan	受灾面积 /千公顷 Disaster-affected Area /10³ha	成灾面积 /千公顷 Damaged Area /10³ha
合　计	Total	4760.43	5901.01	512	2458.92	481.29	4447.80	2276.74
北　京	Beijing	3.80	6.53	2	11.73	7.74		
天　津	Tianjin	2.31	3.22	1	0.59	0.21	2.78	2.74
河　北	Hebei	210.77	233.59	5	91.35	23.30	87.81	24.34
山　西	Shanxi	331.32	288.47	47	152.90	49.29	244.72	157.28
内蒙古	Inner Mongolia	520.19	86.75	14	28.99	7.84	899.07	364.52
辽　宁	Liaoning	52.53	39.44		12.40	6.23	8.11	5.66
吉　林	Jilin	135.00	34.81		4.36	1.76	3.60	3.60
黑龙江	Heilongjiang	408.09	49.85		43.43	7.13	480.77	199.77
上　海	Shanghai					0.02		
江　苏	Jiangsu	2.34	0.24		0.06	1.36		
浙　江	Zhejiang	13.25	18.45	3	12.95	15.93	10.25	2.41
安　徽	Anhui	98.44	82.91	2	12.55	7.18		
福　建	Fujian	23.08	22.31		28.49	8.57	40.80	17.85
江　西	Jiangxi	173.77	248.41		24.11	7.62	329.00	111.30
山　东	Shandong	27.59	37.27		1.32	0.80	0.04	0.04
河　南	Henan	1268.50	2033.26	361	1300.56	164.10	40.84	10.16
湖　北	Hubei	371.96	515.33	31	80.85	22.46	88.55	54.76
湖　南	Hunan	272.36	455.68	3	71.19	12.06	80.89	49.88
广　东	Guangdong	8.93	7.85	1	8.32	2.19	94.72	48.18
广　西	Guangxi	30.04	90.99		14.10	7.72	214.69	117.81
海　南	Hainan	1.01	1.47		0.59	1.40	4.04	0.74
重　庆	Chongqing	52.81	124.57	5	28.06	11.42	56.45	37.66
四　川	Sichuan	243.97	665.13	9	217.26	33.79	25.25	2.79
贵　州	Guizhou	81.22	132.36	1	19.88	1.81	3.49	2.62
云　南	Yunnan	88.22	142.73	3	21.18	4.03	311.26	166.10
西　藏	Tibet	1.51	5.12		2.69	0.94		
陕　西	Shaanxi	268.23	470.30	18	237.08	61.23	564.32	331.60
甘　肃	Gansu	40.18	80.54	1	27.70	2.97	391.38	275.03
青　海	Qinghai	3.59	3.74	3	2.20	1.03	33.04	24.80
宁　夏	Ningxia	5.80	3.24		0.72	0.38	410.88	252.04
新　疆	Xinjiang	19.62	16.45	2	1.31	0.78	21.05	13.06
流　域 直　属	River Basin Commissions					8.00		

2-16　历年除涝面积和治碱面积

Drainage and Saline Control Areas by Year

单位：千公顷

unit: 10³ha

年份 Year	易涝面积 Waterlogging Area	除涝面积合计 Total Drainage Control Area	3～5年 3-5 Years	5年以上 More than 5 Years	盐碱耕地 面积 Area of Saline and Alkaline Farmland	盐碱耕地 改良面积 Area of Improved Saline and Alkaline Farmland
1981	23776.67	17896.00	7174.00	10722.00	7145.33	4262.67
1982	23776.67	18092.67	7210.67	10882.00	7243.33	4265.33
1983	24066.00	18200.67	7194.67	11006.00	7243.33	4391.33
1984	24235.33	18399.33	7157.33	11242.00	7357.33	4474.00
1985	24086.67	18584.00	7217.33	11366.67	7331.33	4569.33
1986	24229.33	18760.67	7430.67	11330.00	7692.00	4623.33
1987	24337.33	18958.00	7521.33	11436.67	7606.67	4755.33
1988	24348.00	19064.00	7532.00	11532.00	7636.00	4830.00
1989	24425.33	19229.33	7566.00	11663.33	7672.00	4883.33
1990	24466.67	19336.66	7671.33	11665.33	7538.67	4995.09
1991	24424.00	19580.30	8004.00	11576.30	7539.33	5110.09
1992	24410.00	19769.76	7996.88	11772.88	7617.83	5210.21
1993		19883.48	8068.40	11815.08	7633.22	5304.62
1994		19678.55	8172.43	11506.12	7655.82	5350.83
1995		20055.64	8241.97	11813.67	7655.82	5433.91
1996		20278.74	8367.67	11911.07		5513.15
1997		20525.80	8540.54	11985.26		5612.25
1998		20680.73	8645.98	12034.75		5653.94
1999		20838.48	8878.23	11960.25		5736.82
2000		20989.70	8812.76	12176.94		5841.36
2001		21021.33	8841.33	12180.00		5750.67
2002		21097.11	8916.94	12180.17		5282.86
2003		21137.31	8918.54	12218.77		5864.59
2004		21198.00				5961.56
2005		21339.74	9272.60	12067.14		
2006		21376.31	9197.50	12178.80		
2007		21419.14	9208.24	12210.90		
2008		21424.55	9334.67	12089.87		
2009		21584.32	9370.59	12213.73		
2010		21691.74	9427.39	12264.35		
2011		21721.62	9505.51	12216.11		
2012		21857.33	9515.22	12342.11		
2013		21943.10	9517.05	12426.05		
2014		22369.34	9751.38	12617.97		
2015		22712.71	9796.27	12916.44		
2016		23066.67	9704.95	13361.72		
2017		23824.33	9526.26	14298.07		
2018		24261.74	9559.06	14702.68		
2019		24529.61	9468.05	15061.56		
2020		24586.43	9515.95	15070.48		
2021		24480.02	9521.72	14958.30		

2-17 2021 年除涝面积（按地区分）

Drainage Control Area in 2021 (by Region)

单位：千公顷   unit: 10³ha

地区	Region	除涝面积合计 Total Drainage Control Area	3～5 年 3-5 Years	5～10 年 5-10 Years	10 年以上 More than 10 Years	新增除涝面积 Newly-increased Drainage Control Area
合　计	**Total**	**24480.02**	**9521.72**	**8836.61**	**6121.69**	**186.12**
北　京	Beijing	12.00			12.00	
天　津	Tianjin	362.15	83.87	210.90	67.38	
河　北	Hebei	1610.13	784.37	752.70	73.06	
山　西	Shanxi	89.25	60.06	28.76	0.43	
内蒙古	Inner Mongolia	277.00	157.76	84.87	34.37	
辽　宁	Liaoning	931.75	179.75	407.98	344.02	0.02
吉　林	Jilin	1033.82	149.43	353.72	530.67	
黑龙江	Heilongjiang	3360.94	2381.10	956.84	23.00	6.87
上　海	Shanghai	53.41	2.99	5.02	45.40	0.38
江　苏	Jiangsu	4526.31	225.31	1227.23	3073.77	34.49
浙　江	Zhejiang	580.88	129.14	213.08	238.66	14.14
安　徽	Anhui	2515.42	1008.68	1332.15	174.59	38.58
福　建	Fujian	171.23	86.82	55.26	29.15	1.08
江　西	Jiangxi	456.30	216.98	206.66	32.66	15.10
山　东	Shandong	3057.58	1411.72	1438.45	207.41	17.23
河　南	Henan	2191.05	1699.08	467.74	24.23	10.76
湖　北	Hubei	1291.12	219.27	396.54	675.31	31.33
湖　南	Hunan	437.42	138.54	226.25	72.63	2.01
广　东	Guangdong	552.74	63.11	106.88	382.75	1.00
广　西	Guangxi	237.72	126.42	100.09	11.21	0.85
海　南	Hainan	41.64	24.98	6.80	9.86	0.37
重　庆	Chongqing					
四　川	Sichuan	103.24	52.77	46.22	4.25	0.41
贵　州	Guizhou	128.58	46.38	68.30	13.90	2.68
云　南	Yunnan	311.99	191.77	97.38	22.84	7.44
西　藏	Tibet	4.10	1.51	2.17	0.42	1.00
陕　西	Shaanxi	103.62	67.59	30.36	5.67	0.38
甘　肃	Gansu	16.00	6.23	1.73	8.04	
青　海	Qinghai					
宁　夏	Ningxia					
新　疆	Xinjiang	22.63	6.09	12.53	4.01	

2-18 2021年除涝面积（按水资源分区分）

Drainage Control Area in 2021 (by Water Resources Sub-region)

单位：千公顷

unit: 10³ha

水资源 一级区	Grade-Ⅰ Water Resources Regions	除涝面积合计 Total Drainage Control Area				新增除涝面积 Newly-increased Drainage Control Area
			3～5 年 3-5 Years	5～10 年 5-10 Years	10 年以上 More than 10 Years	
合　计	**Total**	**24480.02**	**9521.72**	**8836.61**	**6121.69**	**186.12**
松花江区	Songhua River	4317.97	2598.32	1233.93	485.72	6.87
辽河区	Liaohe River	1242.24	242.58	553.82	445.84	0.02
海河区	Haihe River	3235.85	1549.65	1483.76	202.44	2.50
黄河区	Yellow River	588.57	372.42	160.04	56.11	0.17
淮河区	Huaihe River	8446.65	3112.52	3244.76	2089.37	62.99
长江区	Yangtze River	5041.05	1095.34	1635.93	2309.78	103.08
东南诸河区	Southeast Rivers	479.84	186.62	188.15	105.07	3.72
珠江区	Pearl River	990.76	279.26	300.04	411.46	4.84
西南诸河区	Southwest Rivers	113.66	78.92	23.65	11.09	1.93
西北诸河区	Northwest Rivers	23.43	6.09	12.53	4.81	

2-19 2021年除涝面积（按水资源分区和地区分）

Drainage Control Area in 2021 (by Water Resources Sub-region and Region)

单位：千公顷   unit: 10^3ha

地区 Region		除涝面积合计 Total Drainage Control Area	3～5 年 3–5 Years	5～10 年 5–10 Years	10 年以上 More than 10 Years	新增除涝面积 Newly-increased Drainage Control Area
松花江区	**Songhua River**	**4317.97**	**2598.32**	**1233.93**	**485.72**	**6.87**
内蒙古	Inner Mongolia	106.86	89.85	17.01		
吉 林	Jilin	850.17	127.37	260.08	462.72	
黑龙江	Heilongjiang	3360.94	2381.10	956.84	23.00	6.87
辽河区	**Liaohe River**	**1242.24**	**242.58**	**553.82**	**445.84**	**0.02**
内蒙古	Inner Mongolia	126.84	40.77	52.20	33.87	
辽 宁	Liaoning	931.75	179.75	407.98	344.02	0.02
吉 林	Jilin	183.65	22.06	93.64	67.95	
海河区	**Haihe River**	**3235.85**	**1549.65**	**1483.76**	**202.44**	**2.50**
北 京	Beijing	12.00			12.00	
天 津	Tianjin	362.15	83.87	210.90	67.38	
河 北	Hebei	1610.13	784.37	752.70	73.06	
山 西	Shanxi	32.48	21.84	10.41	0.23	
内蒙古	Inner Mongolia	0.91	0.91			
辽 宁	Liaoning					
山 东	Shandong	1026.26	496.14	482.58	47.54	0.07
河 南	Henan	191.92	162.52	27.17	2.23	2.43
黄河区	**Yellow River**	**588.57**	**372.42**	**160.04**	**56.11**	**0.17**
山 西	Shanxi	56.77	38.22	18.35	0.20	
内蒙古	Inner Mongolia	42.39	26.23	15.66	0.50	
山 东	Shandong	117.07	27.95	43.24	45.88	
河 南	Henan	273.99	218.49	54.69	0.81	
四 川	Sichuan	0.25	0.25			
陕 西	Shaanxi	91.06	59.88	26.37	4.81	0.17
甘 肃	Gansu	7.04	1.40	1.73	3.91	
青 海	Qinghai					
宁 夏	Ningxia					
淮河区	**Huaihe River**	**8446.65**	**3112.52**	**3244.76**	**2089.37**	**62.99**
江 苏	Jiangsu	3119.45	200.41	1066.50	1852.54	13.55
安 徽	Anhui	1883.93	844.12	936.83	102.98	23.95
山 东	Shandong	1914.25	887.63	912.63	113.99	17.16
河 南	Henan	1529.02	1180.36	328.80	19.86	8.33

2-19　续表　continued

地区 Region		除涝面积合计 Total Drainage Control Area	3～5 年 3-5 Years	5～10 年 5-10 Years	10 年以上 More than 10 Years	新增除涝面积 Newly-increased Drainage Control Area
长江区	**Yangtze River**	**5041.05**	**1095.34**	**1635.93**	**2309.78**	**103.08**
上　海	Shanghai	53.41	2.99	5.02	45.40	0.38
江　苏	Jiangsu	1406.86	24.90	160.73	1221.23	20.94
浙　江	Zhejiang	272.27	29.34	80.19	162.74	11.50
安　徽	Anhui	631.49	164.56	395.32	71.61	14.63
江　西	Jiangxi	456.30	216.98	206.66	32.66	15.10
河　南	Henan	196.12	137.71	57.08	1.33	
湖　北	Hubei	1291.12	219.27	396.54	675.31	31.33
湖　南	Hunan	433.29	136.10	225.05	72.14	2.01
广　西	Guangxi	3.65	1.91	1.45	0.29	
重　庆	Chongqing					
四　川	Sichuan	102.99	52.52	46.22	4.25	0.41
贵　州	Guizhou	56.51	25.20	18.50	12.81	1.06
云　南	Yunnan	116.32	71.32	39.18	5.82	5.51
西　藏	Tibet					
陕　西	Shaanxi	12.56	7.71	3.99	0.86	0.21
甘　肃	Gansu	8.16	4.83		3.33	
青　海	Qinghai					
东南诸河区	**Southeast Rivers**	**479.84**	**186.62**	**188.15**	**105.07**	**3.72**
浙　江	Zhejiang	308.61	99.80	132.89	75.92	2.64
安　徽	Anhui					
福　建	Fujian	171.23	86.82	55.26	29.15	1.08
珠江区	**Pearl River**	**990.76**	**279.26**	**300.04**	**411.46**	**4.84**
湖　南	Hunan	4.13	2.44	1.20	0.49	
广　东	Guangdong	552.74	63.11	106.88	382.75	1.00
广　西	Guangxi	234.07	124.51	98.64	10.92	0.85
海　南	Hainan	41.64	24.98	6.80	9.86	0.37
贵　州	Guizhou	72.07	21.18	49.80	1.09	1.62
云　南	Yunnan	86.11	43.04	36.72	6.35	1.00
西南诸河区	**Southwest Rivers**	**113.66**	**78.92**	**23.65**	**11.09**	**1.93**
云　南	Yunnan	109.56	77.41	21.48	10.67	0.93
西　藏	Tibet	4.10	1.51	2.17	0.42	1.00
青　海	Qinghai					
西北诸河区	**Northwest Rivers**	**23.43**	**6.09**	**12.53**	**4.81**	
内蒙古	Inner Mongolia					
甘　肃	Gansu	0.80			0.80	
青　海	Qinghai					
新　疆	Xinjiang	22.63	6.09	12.53	4.01	

主要统计指标解释

已建成水库座数 在江河上筑坝（闸）所形成的能拦蓄水量、调节径流的蓄水区的数量。

大型水库：总库容在1亿立方米及以上。

中型水库：总库容在1000万（含1000万）～1亿立方米。

小型水库：总库容在10万（含10万）～1000万立方米。

水库库容 从设计规模和统计角度规定如下：

（1）总库容：即校核水位以下的库容。包括死库容、兴利库容、防洪库容（减掉和兴利库容重复部分）之综合，称总库容。

（2）兴利库容：一般为正常高水位至死水位之间的库容。

（3）调洪库容或防洪库容：指校核洪水位与防洪限制水位（也叫汛期限制水位）之间的库容。防汛限制水位是水库在汛期的下限水位，这个水位以上的库容在汛期专供滞蓄防洪标准内的洪水使用，洪水到来之前水库蓄水不允许超过此水位。

堤防长度 建成或基本建成的在江、河、湖、海岸边用于防洪、防潮的工程长度之总和，包括新中国成立前建成以及需要加固加高培厚的老堤防，但不包括单纯除涝河道的堤防和弃土形成的堤防，也不包括子堰和生产堤。所谓基本建成，是指按设计标准已经完成并能发挥设计效益，但还留有少量尾工的工程。

堤防保护人口 报告期堤防保护范围内的全部人口数。也就是假设河流在设计最大洪水通过时，如没有堤防或一旦堤防决口，所能淹及的最大范围内在报告期当年年末全部人口数。

堤防保护耕地面积 堤防保护范围内的耕地。即按设计最大洪水通过时，假设不修堤防的情况下，洪水所能淹及的最大范围内的耕地面积。

累计达标堤防长度 根据《防洪标准》（GB 50201—2014）和江河防洪规划，已达到国家所认定的堤防等级的堤防长度。根据《防洪标准》（GB 50201—2014）规定，由于堤防保护的耕地面积和人口不同，以及城市、工矿企业、交通干线等防护对象的重要性程度不同，堤防工程的防洪标准不一样。达标堤防是指按《堤防工程设计规范》（GB 50286—2013）进行堤防工程标准设计，施工完成后达到设计规定要求的堤防。

堤防工程的级别 按防洪标准分为五个级别。堤防工程防护对象的防洪标准应按照《防洪标准》（GB 50201—2014）确定。

主要堤防 保护耕地面积在30万亩以上（包括30万亩）或保护重要工矿、企业、交通干线、国防设施、机场、主要城镇的河道堤防及海堤（海塘）。

水闸数量 水利工程中用以控制水流、水位、通航的水工建筑物的数量。关闭或开启闸门起到调节闸上、下游水位，控制泄流以达到防洪、引水、排水、通航、发电等作用。按流量划分：大型水闸指校核过闸流量1000立方米每秒及以上水闸；中型水闸指校核过闸流量100～1000立方米每秒的水闸；小型水闸指校核过闸流量10～100立方米每秒的水闸。

分洪闸 为了保护河道下游堤防及重要城镇、工厂、矿区的安全，在河道遇到特大洪水时宣泄部分洪水进入湖泊、洼地等分洪区（或滞洪区）中，以削减洪峰，免除洪水泛滥所造成的灾害而在河岸边修的水闸。

节制闸 为控制河渠、湖泊水位，保证引水、供水要求而修建的水闸。这种闸一般是拦河、渠而修建的，又称拦河闸。

排水闸 为排除内涝积水在河道两岸修建的闸，或在分洪区（或滞洪闸）出口处设置的尾水闸、退水闸。

引水闸（渠首闸） 从河流、湖泊、水库中引水进行灌溉、发电等而在引水源口处设置的水闸，其功能主要是引水。

挡潮闸 在沿海河口附近修建的发挥排水、挡潮作用的水闸。

洪涝灾害 因降雨、融雪、冰凌、溃坝（堤）、风暴潮、热带气旋等造成的江河洪水、渍涝、山洪、滑坡和泥石流等，以及由其引发的次生灾害。

受灾面积 因洪涝灾害造成在田农作物产量损失一成（含一成）以上的播种面积（含成灾、绝收面积），同一地块的当季农作物遭受一次以上洪涝灾害时，只计其中最严重的一次。

成灾面积 因洪涝灾害造成在田农作物受灾面积中，产量损失三成（含三成）以上的播种面积（含绝收面积）。

干旱灾害 因降水少、水资源短缺，对城乡居民生活、工农业生产造成直接影响的旱情，以及旱情发生后给工农业生产造成的旱灾损失。

作物受灾面积 在受旱面积中作物产量比正常年产量减产一成以上的面积。

作物成灾面积 在受旱面积中作物产量比正常年产量减产三成（含三成）以上的面积。

易涝面积 抗涝能力标准低的低洼涝耕地面积。

除涝面积 通过水利工程如围堰、抽水等对易涝面积进行治理，使易涝耕地免除淹涝的面积称除涝面积。

按除涝的标准分为 3～5 年、5～10 年和 10 年以上。易涝面积虽经过治理，但标准尚未达到 3 年一遇标准的，不作为除涝面积统计。

盐碱耕地面积　土壤中含有盐碱、影响农作物生长甚至接近不能耕种的面积。

盐碱耕地改良面积　在新、老盐碱耕地上进行水利、农业和土壤改良等措施，在正常年景使农作物出苗率达到 70%以上的面积。

Explanatory Notes of Main Statistical Indicators

Number of completed reservoirs The storage area that is formed by constructing a dam (gate) to detain and store water and regulate runoff.

Large reservoir: the total storage capacity is over 100 million m^3 (including 100 million m^3).

Medium reservoir: the total storage capacity is between 10 million m^3 (including 10 million m^3) to 100 million m^3.

Small reservoir: the total storage capacity is between 0.1 million m^3 (including 0.1 million m^3) to 10 million m^3.

Storage capacity of reservoir Following indicators are defined according to the scale of design and needs of statistics.

1. Total storage capacity: refers to storage capacity under the check water level. Total storage capacity includes dead storage capacity, usable storage capacity, and flood control storage capacity (deducting the repeating part of usable storage).

2. Usable storage capacity: refers to storage capacity between levels of normal high to dead water.

3. Flood regulation capacity or flood control storage capacity: refers to storage capacity between check floodwater to floodwater limit (also termed limited water level in flood season). Floodwater limit refers to the lowest level of reservoir in flood season, which is used to store and detain floods specified by flood control standard; before flood-water comes, water level of reservoirs is not allowed to exceed this limit.

Length of embankment Total length of embankment is the sum of completed or mostly completed levees or dykes along a river and lake, sea dike, polder and flood control wall etc., including old embankments built before the founding of People's Republic of China in 1949 and those need to be strengthened, heightened and thickened, but excluding embankment purely for waterlogging control and spoil dike, as well as sub-cofferdam or production dikes. Mostly completed embankment refers to a project that has a few of works to end up, but it can put into use and generate benefit according to design standard.

Protected population of embankment Total population protected by embankment during report period. In another word, the total population inundated by flood as a maximum at the end of the year when the design maximum flood passes river courses and if no embankment or break of embankment exists.

Protected farmland of embankment Cultivated land under the protection of embankment, i.e. inundated farmland of flood as a maximum if design maximum flood passes and no embankment exists.

Accumulated length of up-to-standard embankment Total length of embankment that has reached national standard, in accordance of *National Standards for Flood Control* (GB 50201-2014) and river flood control planning.

According to the current *National Standards for Flood Control* (GB 50201-2014), the standards of embankment can be varied in accordance with protected cultivated area or population and importance of protected target such as a city, industrial and mining enterprises or key transportation line. Up-to-standard embankment refers to those designed and constructed according to *Code for Desigh of Levee Project* (GB 50286-2013), and meet all requirements of original design upon completion.

Classification of embankment Embankment is classified into five categories according to flood control standards; the category of embankment for a protected target is determined according to the current *National Standards for Flood Control* (GB 50201-2014).

Key embankment and dyke Embankment or levees along the river or sea dikes used for protecting farmlands of above 300,000 mu (including 300,000 mu), or important pastures land, and those areas less than 300,000 mu but where have important mine, enterprise, transportation line, national defense facilities, airport and key cities and towns.

Number of water gates Number of hydraulic structures employed for controlling flow and water level or for navigation. When the gate is open or close, water level at upper and down stream and discharge can be controlled in order to realize flood prevention, water diversion, drainage, navigation, and power generation. According to water flow, large size refers to the gate with a check flow of 1,000 m^3/s or above; medium size refers to gate with a check flow of 100-1,000 m^3/s, and small size refers to gate with a check flow of 10-100 m^3/s.

Flood diversion gates Water gates are constructed beside river banks to protect the safety of dikes, major cities, factories, mines in lower reaches, and drain water into lakes, low ground or flood detention basins, in order to reduce flood peak and prevent flooding when severe flood happens.

Control gates Water gates are built to control water level of rivers, canals or lakes to ensure water diversion and water supply. Water control gates are also termed barrage gates.

Drainage gates Water gates are located beside river banks to drain waterlogging, or constructed in the outlets of flood detention basins (flood retarding gates) as tail locks and waste locks.

Water diversion gates (head gates) Water gates are built in water sources to divert water from rivers, lakes and reservoirs to irrigate, generate hydropower, etc., but its main purpose is to divert water.

Tide gates Water gates are located in coastal estuaries to drain water or prevent tides.

Flood & waterlogging disasters River flood, waterlogging or inland inundation, mountain flood, landslide and mudflow caused by rainfall, snow melting, river ice jam, dam failure, storm tide and tropical cyclone, as well as secondary disasters induced by them.

Affected area　Cultivated area (including damaged area and no harvest area) where loss of crop yield is more than 10% (including 10%) due to flood and waterlogging disasters; the most serious damage is calculated only when crop in same land suffer from more than one flood and waterlogging disaster during the same season.

Damaged area　Cultivated area (including no harvest area) where loss of crop yield is more than 30% (including 30%) due to flood and waterlogging disasters.

Drought disaster　It refers to a disaster that results in direct impact on life of people, industrial and agricultural production in urban and rural areas because of less precipitation and water shortage.

Drought affected area　It refers to drought-affected area where loss of crop yield is 10% more than normal years.

Drought damaged area　It refers to drought-affected area where loss of crop yield is 30% more (including 30%) than normal years.

Waterlogging area　It refers to low-lying farmland with a poor capacity of waterlogging control.

Drainage control area　The area of prone-waterlogging farmland controlled by waterworks such as cofferdams and water pump. The standard for waterlogging control is divided into 3-5 years, 5-10 years and above 10 years. Drainage control area do not include the farmland that has not reach to the waterlogging control standard of once in three years return period, even though efforts have been made to make improvement.

Area of saline and alkaline farmland　The area cannot be or almost cannot be cultivated because the soil contains salt and alkaline that affects the growing of crops.

Reclaimed area of saline and alkaline farmland　The reclaimed area of old or newly-emerged saline and alkaline farmlands that have a percentage of seedling emergence at and above 70% in normal years, thanks to the measure of water conservation, agricultural technology and soil improvement.

3 农业灌溉

Agricultural Irrigation

简 要 说 明

农业灌溉统计资料主要包括农田水利设施的数量和产生的效益，分为灌溉面积、灌区、机电排灌站以及节水灌溉面积等四大类。

农业灌溉资料按水资源一级分区和地区分组。

1. 灌溉面积统计范围：已建成或基本建成的灌溉工程、水利综合利用工程、农田水利工程的灌溉面积，包括水利、农业等部门建设的灌溉面积。

2. 按耕地灌溉面积达到万亩以上的统计口径调整2008 年数据；2012 年，灌区统计口径调整为设计灌溉面积 2000 亩及以上灌区。

3. 节水灌溉面积只统计利用工程措施节水的面积。

4. 万亩以上灌区、机电排灌站历史资料汇总 1974年至今数据；灌溉面积历史资料汇总 1949 年至今数据；农田排灌机械、机电灌溉面积历史资料汇总 1949—2012年数据；机电井历史资料汇总 1961 年至今数据。

5. 灌溉面积、灌区、机电井数据已与 2011 年水利普查数据进行了衔接。

Brief Introduction

Agricultural irrigation statistics mainly include the number and benefits of farmland water conservancy facilities, which are divided into four categories: irrigation area, irrigation district, electromechanical drainage and irrigation station and water-saving irrigation area.

Agricultural irrigation data are grouped according to Grade-I water resources regions and districts.

1. Statistical scope of irrigation area: irrigation area of irrigation projects that have been completed or basically completed, comprehensive utilization of water conservancy projects and farmland water conservancy projects, including irrigation area constructed by water conservancy, agriculture and other departments.

2. The data of 2008 were adjusted according to the statistical caliber of irrigated land reaching more than 10,000 mu. In 2012, the statistical caliber of irrigated areas was adjusted to irrigated areas with a designed irrigation area of 2,000 mu or more.

3. The water-saving irrigation area only counts the area that uses the engineering measures to save water.

4. Historical data of irrigation district with an irrigated area up to ten thousand mu as well as electro-mechanical drainage stations are collected from 1974 until to present. Historical data of irrigated area are collected from 1949 until to present; farmland mechanical equipment for irrigation and drainage, electro-mechanical irrigated area are collected from 1949 to 2012; historical data of electro-mechanical wells are collected from 1961 until to present.

5. The data of irrigated area, irrigation district and electro-mechanical wells have been connected with the First National Water Census in 2011.

3-1 主 要 指 标
Key Indicators

指标名称	Item	单位	unit	2011	2012	2013	2014	2015	2016	2017	2018	2019	2020	2021
灌溉面积	Irrigated Area	千公顷	10³ha	67743	67783	69481	70652	72061	73177	73946	74542	75034	75687	78315
耕地灌溉面积	Irrigated Area of Cultivated Land	千公顷	10³ha	61682	62491	63473	64540	65873	67141	67816	68272	68679	69161	69609
占耕地面积[①]	In Total Cultivated Land[①]	%	%	50.8	51.3	52.9	53.8	48.8	49.8	50.3	50.7	51.0	51.3	51.6
林地灌溉面积	Irrigated Area of Forest Land	千公顷	10³ha	1899	1767	2111	2229	2211	2388	2403	2510	2601	2672	
牧草灌溉面积	Irrigated Area of Grassland	千公顷	10³ha	1265	819	1059	1092	1079	1076	1104	1115	1102	1150	
耕地实灌面积	Actual Irrigated Cultivated Land	千公顷	10³ha	53982		53105	54975	56739	58107	58553	58574	57914	58352	58322
占耕地灌溉面积	In Irrigated Area of Cultivated Land	%	%	87.5		83.7	85.2	86.1	86.5	86.3	85.8	84.3	84.4	83.8
节水灌溉面积	Water-saving Irrigated Area	千公顷	10³ha	29179	31217	27109	29019	31060	32847	34319	36135	37059	37796	
万亩以上灌区数量	Irrigation District with an Area of 10,000 mu and above	处	unit	5824	7756	7709	7709	7773	7806	7839	7881	7884	7713	7326
其中: 30万亩以上	Among Which: Irrigated Area up to 300,000 mu and above	处	unit	348	456	456	456	456	458	458	461	460	454	450
万亩以上灌区耕地灌溉面积	Irrigated Area of Cultivated Land of Irrigation District with an Area of 10,000 mu and above	千公顷	10³ha	29748	30191	30216	30256	32302	33045	33262	33324	33501	33638	35499
其中: 30万亩以上	Among Which: Irrigated Area up to 300,000 mu and above	千公顷	10³ha	15786	11260	11252	11251	17686	17765	17840	17799	17995	17822	17868

① 耕地面积按国家统计局《2017 年中国统计年鉴》数据 20.2381 亿亩。
① The data of cultivated land is 20.2381×10⁸ mu, and sourced from *China Statistical Yearbook 2017*.

3-2 历年万亩以上灌区数量和耕地灌溉面积

Irrigation Districts with an Area above 10,000 mu by Year

年份 Year	合计 Total		#50万亩以上灌区 Irrigation Districts with an Area up to 500,000 mu and above		#30万~50万亩灌区 Irrigation Districts with an Area from 300,000 to 500,000 mu	
	处数 /处 Number /unit	耕地灌溉面积 /千公顷 Irrigated Area of Cultivated Land /10³ha	处数 /处 Number /unit	耕地灌溉面积 /千公顷 Irrigated Area of Cultivated Land /10³ha	处数 /处 Number /unit	耕地灌溉面积 /千公顷 Irrigated Area of Cultivated Land /10³ha
1981	5247	20363	66	5720	71	1777
1982	5252	20578	66	5788	72	1825
1983	5288	20941	67	5941	76	1789
1984	5319	20775	71	5994	69	1738
1985	5281	20777	71	5996	66	1670
1986	5299	20869	70	5988	71	1793
1987	5343	21144	70	6014	75	1889
1988	5302	21075	71	6066	75	1877
1989	5331	21177	72	6119	78	1933
1990	5363	21231	72	6048	76	1896
1991	5665	23292	73	6169	91	2186
1992	5531	23632	74	6184	92	2270
1993	5567	24483	74	6239	92	2318
1994	5523	22353	74	6288	98	2429
1995	5562	22499	74	6314	99	2444
1996	5606	22062	75	6150	108	2665
1997	5579	22495	77	6408	115	2862
1998	5611	22747	79	6692	114	2769
1999	5648	23580	90	7632	123	3093
2000	5683	24493	101	7883	141	3440
2001	5686	24766	108	8617	169	4054
2002	5691	25030	110	9158	168	4072
2003	5729	25244	112	9381	169	4084
2004	5800	25506	111	9714	169	4057
2005	5860	26419	117	10230	170	4080
2006	5894	28021	119	10520	166	4092
2007	5869	28341	120	10519	174	4148
2008	5851	29440	120	10768	205	4633
2009	5844	29562	125	10828	210	4747
2010	5795	29415	131	10918	218	4740
2011	5824	29748	129	10990	219	4796
2012	7756	30191	177	6243	280	5017
2013	7709	30216	176	6241	280	5010
2014	7709	30256	176	6241	280	5010
2015	7773	32302	176	12024	280	5663
2016	7806	33045	177	12335	281	5430
2017	7839	33262	177	12416	281	5425
2018	7881	33324	175	12399	286	5400
2019	7884	33501	176	12609	284	5386
2020	7713	33638	172	12344	282	5478
2021	7326	35499	154	12209	296	5659

3-3 2021 年万亩以上灌区数量和耕地灌溉面积（按地区分）

Irrigation Districts with an Area above 10,000 mu in 2021 (by Region)

地区	Region	合计 Total		#50 万亩以上灌区 Irrigation Districts up to 500,000 mu and above		#30 万~50 万亩灌区 Irrigation Districts from 300,000 to 500,000 mu	
		处数 /处 Number /unit	耕地灌溉面积 /千公顷 Irrigated Area of Cultivated Land /10³ha	处数 /处 Number /unit	耕地灌溉面积 /千公顷 Irrigated Area of Cultivated Land /10³ha	处数 /处 Number /unit	耕地灌溉面积 /千公顷 Irrigated Area of Cultivated Land /10³ha
合 计	**Total**	**7326**	**35499**	**154**	**12209**	**296**	**5659**
北 京	Beijing						
天 津	Tianjin	30	108			1	28
河 北	Hebei	79	940	6	482	11	233
山 西	Shanxi	176	885	5	320	7	99
内蒙古	Inner Mongolia	141	1483	10	907	5	97
辽 宁	Liaoning	70	519	5	246	6	126
吉 林	Jilin	115	408	4	57	6	81
黑龙江	Heilongjiang	332	1419	5	259	28	398
上 海	Shanghai						
江 苏	Jiangsu	313	2856	7	389	27	618
浙 江	Zhejiang	122	515	1	29	6	132
安 徽	Anhui	472	2185	6	927	4	180
福 建	Fujian	202	427	1	41	3	32
江 西	Jiangxi	316	985	3	138	10	140
山 东	Shandong	498	3103	14	1195	39	676
河 南	Henan	298	2520	17	1516	20	320
湖 北	Hubei	534	2673	14	811	26	539
湖 南	Hunan	661	2047	5	220	17	326
广 东	Guangdong	391	769	2	72	1	5
广 西	Guangxi	293	693	3	82	8	126
海 南	Hainan	77	204	1			18
重 庆	Chongqing	153	202				
四 川	Sichuan	381	1357	6	690	4	95
贵 州	Guizhou	236	321				
云 南	Yunnan	317	987	2	59	10	181
西 藏	Tibet	114	107		15	1	19
陕 西	Shaanxi	191	896	6	443	5	62
甘 肃	Gansu	241	1188	4	205	20	426
青 海	Qinghai	90	189				
宁 夏	Ningxia	31	531	4	444	1	16
新 疆	Xinjiang	452	4983	23	2659	30	688

3-4 2021 年万亩以上灌区数量和耕地灌溉面积（按水资源分区分）

Irrigation Districts with an Area above 10,000 mu
in 2021 (by Water Resources Sub-region)

水资源 一级区	Grade-I Water Resources Sub-region	合计 Total		#50 万亩以上灌区 Irrigated Area up to 500,000 mu and above		#30 万~50 万亩灌区 Irrigated Area from 300,000 to 500,000 mu	
		处数 /处 Number /unit	耕地灌溉面积 /千公顷 Irrigated Area of Cultivated Land /10³ha	处数 /处 Number /unit	耕地灌溉面积 /千公顷 Irrigated Area of Cultivated Land /10³ha	处数 /处 Number /unit	耕地灌溉面积 /千公顷 Irrigated Area of Cultivated Land /10³ha
合　计	**Total**	**7326**	**35499**	**154**	**12209**	**296**	**5659**
松花江区	Songhua River	502	2093	10	347	33	478
辽河区	Liaohe River	121	799	8	334	11	204
海河区	Haihe River	303	3140	17	1595	23	485
黄河区	Yellow River	702	4017	28	2308	22	345
淮河区	Huaihe River	916	6419	22	2106	67	1316
长江区	Yangtze River	2734	9607	34	2422	69	1354
东南诸河区	Southeast Rivers	301	901	2	70	9	164
珠江区	Pearl River	920	1941	7	196	11	187
西南诸河区	Southwest Rivers	275	650		15	4	72
西北诸河区	Northwest Rivers	552	5933	26	2815	47	1054

3-5 2021 年万亩以上灌区数量和耕地灌溉面积（按水资源分区和地区分）

Irrigation Districts with an Area above 10,000 mu in 2021
(by Water Resources Sub-region and Region)

地区	Region	合计 Total		#50 万亩以上灌区 Irrigation Districts up to 500,000 mu and above		#30 万～50 万亩灌区 Irrigation Districts from 300,000 to 500,000 mu	
		处数/处 Number /unit	耕地灌溉面积/千公顷 Irrigated Area of Cultivated Land /10³ha	处数/处 Number /unit	耕地灌溉面积/千公顷 Irrigated Area of Cultivated Land /10³ha	处数/处 Number /unit	耕地灌溉面积/千公顷 Irrigated Area of Cultivated Land /10³ha
松花江区	**Songhua River**	502	2093	10	347	33	478
内蒙古	Inner Mongolia	62	281	1	31		
吉 林	Jilin	108	393	4	57	5	80
黑龙江	Heilongjiang	332	1419	5	259	28	398
辽河区	**Liaohe River**	121	799	8	334	11	204
内蒙古	Inner Mongolia	45	266	3	88	4	77
辽 宁	Liaoning	69	518	5	246	6	126
吉 林	Jilin	7	15			1	1
海河区	**Haihe River**	303	3140	17	1595	23	485
北 京	Beijing						
天 津	Tianjin	30	108			1	28
河 北	Hebei	79	940	6	482	11	233
山 西	Shanxi	78	278			3	56
内蒙古	Inner Mongolia		1				
辽 宁	Liaoning	1	1				
山 东	Shandong	84	1418	8	842	5	126
河 南	Henan	31	395	3	271	3	42
黄河区	**Yellow River**	702	4017	28	2308	22	345
山 西	Shanxi	98	607	5	320	4	43
内蒙古	Inner Mongolia	33	879	5	743	1	20
山 东	Shandong	60	143			3	27
河 南	Henan	88	574	6	267	6	117
四 川	Sichuan						
陕 西	Shaanxi	163	803	6	438	4	62
甘 肃	Gansu	163	363	2	96	3	61
青 海	Qinghai	66	117				
宁 夏	Ningxia	31	531	4	444	1	16
淮河区	**Huaihe River**	916	6419	22	2106	67	1316
江 苏	Jiangsu	230	2377	7	389	24	546
安 徽	Anhui	193	1190	3	556	2	94
山 东	Shandong	354	1542	6	353	31	523
河 南	Henan	139	1309	6	809	10	152

3-5 续表 continued

地区 Region		合计 Total		#50 万亩以上灌区 Irrigation Districts up to 500,000 mu and above		#30 万～50 万亩灌区 Irrigation Districts from 300,000 to 500,000 mu	
		处数 /处 Number /unit	耕地灌溉面积 /千公顷 Irrigated Area of Cultivated Land /10³ha	处数 /处 Number /unit	耕地灌溉面积 /千公顷 Irrigated Area of Cultivated Land /10³ha	处数 /处 Number /unit	耕地灌溉面积 /千公顷 Irrigated Area of Cultivated Land /10³ha
长江区	**Yangtze River**	**2734**	**9607**	**34**	**2422**	**69**	**1354**
上 海	Shanghai						
江 苏	Jiangsu	83	478			3	71
浙 江	Zhejiang	23	41				
安 徽	Anhui	279	995	3	372	2	86
江 西	Jiangxi	316	985	3	138	10	140
河 南	Henan	40	243	2	169	1	9
湖 北	Hubei	534	2673	14	811	26	539
湖 南	Hunan	650	2023	5	220	17	326
广 西	Guangxi	13	24				
重 庆	Chongqing	153	202				
四 川	Sichuan	381	1357	6	690	4	95
贵 州	Guizhou	144	235				
云 南	Yunnan	84	251	1	17	5	90
西 藏	Tibet	3	4				
陕 西	Shaanxi	28	93		4	1	
甘 肃	Gansu	3	3				
青 海	Qinghai						
东南诸河区	**Southeast Rivers**	**301**	**901**	**2**	**70**	**9**	**164**
浙 江	Zhejiang	99	474	1	29	6	132
安 徽	Anhui						
福 建	Fujian	202	427	1	41	3	32
珠江区	**Pearl River**	**920**	**1941**	**7**	**196**	**11**	**187**
湖 南	Hunan	11	24				
广 东	Guangdong	391	769	2	72	1	5
广 西	Guangxi	280	669	3	82	8	126
海 南	Hainan	77	204	1			18
贵 州	Guizhou	92	85				
云 南	Yunnan	69	189	1	42	2	39
西南诸河区	**Southwest Rivers**	**275**	**650**		**15**	**4**	**72**
云 南	Yunnan	164	547			3	52
西 藏	Tibet	111	103		15	1	19
青 海	Qinghai						
西北诸河区	**Northwest Rivers**	**552**	**5933**	**26**	**2815**	**47**	**1054**
内蒙古	Inner Mongolia	1	57	1	46		
甘 肃	Gansu	75	821	2	109	17	366
青 海	Qinghai	24	72				
新 疆	Xinjiang	452	4983	23	2659	30	688

3-6 历年机电排灌站处数和装机容量

Number and Installed Capacity of Irrigation and Drainage Stations with Mechanical and Electrical Equipment by Year

年份 Year	机电排灌站 装机容量 /千千瓦 Installed Capacity of Mechanical and Electrical Irrigation and Drainage Stations /10³kW	固定机电排灌站 Fixed Irrigation and Drainage Stations				流动机 装机容量 /千千瓦 Installed Capacity of Mobile Equipment /10³kW	喷滴灌 装机容量 /千千瓦 Installed Capacity of Sprinkler and Drip /10³kW
		处数 /处 Number /unit	机械 Mechanical Equipment	电力 Electrical Equipment	装机容量 /千千瓦 Installed Capacity /10³kW		
1977		405472	162486	242986	13933		
1978		415898	160142	255756	15028		
1979		431730	155529	276201	16494		
1980		524426	234029	290397	17976		
1981		472299	175243	297056	18043		
1982		470819	166225	304594	18566		
1983		475350	159120	316230	19055		
1984		478130	151055	327075	19249		
1985		462269	133519	328750	19148		
1986		455616	122806	332810	19182		
1987		462100	115602	346498	19558		
1988		461085	107156	353929	19854		
1989		465377			19978		
1990		473680			20065		
1991		481566			23213		
1992		493599			22200		
1993		493501			21142		
1994		494349			21086		
1995		495700			21061		
1996		498063			21418		
1997		502861			21530		
1998		503805			21797		
1999		513883			21987		
2000	41570	506067			21798	17837	1934
2001	46670	516743			23510	20891	2269
2002	43604	507397			22881	18170	2553
2003	43039	502165			21988	18316	2735
2004	43748	494172			21912	19016	2820
2005	43599	489921			22176	18515	2908
2006	44726	473349			24531	20196	
2007	45789	443504			23953	18590	3247
2008	44378	446151			22327	18379	3671
2009	45174	446494			24474	16688	4011
2010	43987	435320			23305	16734	3947
2011	44030	423335			23111	16628	4291
2012	52791	434062			27158	19598	6034

注　2006 年流动机装机容量包含了喷滴灌装机容量。

Note　The installed capacity of mobile equipment includes those of sprinkler and drip in 2006.

3-7 历年农田排灌机械保有量和装机容量

Registered Mechanical Equipment for Irrigation and Drainage by Year

单位：千千瓦　　　　　　　　　　　　　　　　　　　　　　　　　　　　　unit: 10³kW

年份 Year	排灌机械保有量合计 Total Registered Machinery and Equipment for Irrigation and Drainage	#电动机 Motor	配套机电井装机容量 Installed Capacity of Counterpart Wells	机电排灌站装机容量 Installed Capacity of Irrigation and Drainage Stations	#固定机电排灌站 Fixed Irrigation and Drainage Stations
1951	84				
1952	94				
1953	104				
1954	121				
1955	153				
1956	282				
1957	415	71			
1958	886				
1959	2299	383			
1960	3540	624			
1961	3948	1016			
1962	4521	1648			
1963	5101	2164			
1964	5579	2675			
1965	6674	3259			
1970	13421				
1971	14598	6299			
1972	18126	10218			
1973	25442	12867			
1974	28894	14798			
1975	34810	17064	15765		11285
1976	39850	19824	18200		12730
1977	42920	21084	18453		13933
1978	47224	24200	20732		15028
1979	51329	25988	20616		16494
1980	53840	27355	20740		17976
1981	54548	28563	21228		18043
1982	55618	29894	21907		18566
1983	57923	31731	22814		19055
1984	59575	32942	22857		19249
1985	59414	33192	23151		19148
1986	59793	34059	22774		19182
1987	62422	35459	23706		19558
1988	64367	36424	25378		19854
1989	66354	37400	25932		19978
1990	68055	38311	26594		20065
1991	70485	39907	26451		23213
1992	65968	39895	27257		22200
1993	65845	39806	27648		21142
1994	66905	40706	27988		21086
1995	68241	41764	29001		21061
1996	70196	43034	30468		21418
1997	72686		32215		21530
1998	75594		33606		21797
1999	77009		35242		21987
2000	77477		35908	41570	21798
2001	87999		41329	46670	23510
2002	81295		37692	43604	22881
2003	80780		37741	43039	21988
2004	82159		38411	43748	21912
2005	82469		38871	43599	22176
2006	85443		40718	44726	24531
2007	86684		40894	45789	23953
2008	85883		41505	44378	22327
2009	87530		42356	45174	24474
2010	87201		43215	43987	23305
2011	88237		44207	44030	23111
2012	102222		49431	52791	27158

3-8 历年机电井眼数和装机容量

Number and Installed Capacity of Mechanical and Electrical Wells by Year

年份 Year	机电井眼数 /万眼		配套机电井眼数 /万眼		配套机电井装机容量 /千千瓦	
	Number of Mechanical and Electrical Wells /10⁴unit	#灌溉机电井 Mechanical and Electrical Wells for Irrigation	Number of Counterpart Mechanical and Electrical Wells /10⁴unit	#灌溉机电井 Mechanical and Electrical Wells for Irrigation	Installed Capacity of Counterpart Mechanical and Electrical Wells /10³kW	#灌溉机电井 Mechanical and Electrical Wells for Irrigation
1966		22.84		15.26		
1969		74.87		43.41		
1970		91.89		62.70		
1971		113.31		80.67		
1972		134.91		100.76		
1973		170.02		130.35		
1974		194.62		157.09		
1975		217.46		181.75		15765
1976		240.73		203.32		18200
1977		254.59		210.88		18463
1978		265.87		221.83		20732
1979		273.25		229.37		20616
1980		269.10		229.06		20740
1981		266.47		229.77		21228
1982		271.46		234.31		21901
1983		278.12		241.30		22814
1984		279.86		240.31		22857
1985		277.00		237.04		23151
1986		276.65		236.39		22774
1987		282.31		243.02		23706
1988		291.83		251.90		25378
1989		305.47		263.29		25932
1990		314.92		273.11		26594
1991		324.64		283.27		26451
1992		335.39		294.58		27257
1993		342.48		302.16		27648
1994		345.59		306.30		27988
1995		355.91		316.98		29001
1996		373.00		332.55		30468
1997		399.84		355.07		32215
1998		417.88		371.75		33606
1999		434.06		386.67		35242
2000		444.81		398.96		35908
2001		454.66		409.23		41329
2002		465.57		418.35		37692
2003		470.94		422.43		37741
2004		475.58		426.24		38411
2005		478.57		428.20		38871
2006		485.85		436.53		40718
2007	511.80	484.90	461.39	438.84	46286	40894
2008	522.58	488.74	474.12	443.86	46571	41505
2009	529.31	493.82	482.56	450.80	49859	42356
2010	533.71	501.21	487.20	458.18	51446	43215
2011	541.38	507.90	494.83	464.94	54048	43757
2012	454.33					
2013	458.36					
2014	469.11					
2015	483.25					
2016	487.18					
2017	495.98					
2018	510.09					
2019	511.73					
2020	517.34					
2021	522.20					

注 2006 年以前（含 2006 年）只统计灌溉机电井，2007 年以后还包括供水机电井。

Note Before 2006 (including 2006), the statistical data only includes mechanical and electrical wells for irrigation; after 2007 it also include wells for water supply.

3-9 历年灌溉面积

Irrigated Area by Year

单位：千公顷　　　　　　　　　　　　　　　　　　　　　　　　　　　　　　　　　　　　unit: 10³ha

年份 Year	灌溉面积总计 Total Irrigated Area	耕地 灌溉面积 Irrigated Area of Cultivated Land	林地 灌溉面积 Irrigated Area of Forest	果园 灌溉面积 Irrigated Area of Orchard Garden	牧草 灌溉面积 Irrigated Area of Pasture	其他 灌溉面积 Others	耕地实灌面积 Actual Irrigated Area	旱涝保收面积 Harvest Area Guaranteed in Case of Flood and Drought
1974		45707.3						
1975		46120.7					39281.3	
1976		45463.3					40825.3	
1977		48186.7					40559.3	
1978		48053.3					41714.7	
1979		48318.7					41663.3	
1980		48888.0					39906.0	
1981		48600.0					39656.7	
1982		48663.3					40177.3	
1983		48546.0					39383.3	
1984		48400.0					39933.3	
1985		47932.7					38671.3	
1986		47872.7					39938.0	
1987		47966.7					39861.3	33349.3
1988		47980.7					41188.7	33570.7
1989		48337.3					40695.3	33994.0
1990		48389.3					41437.3	34365.3
1991		48951.3					42884.0	34720.0
1992		49464.0					43501.3	35374.0
1993		49839.3					42914.0	35631.3
1994		49938.0					43610.7	36140.0
1995		50412.7					44102.0	36636.0
1996		51160.7					44768.7	37187.3
1997		52268.7					46187.3	38102.0
1998		53400.0					47036.0	38760.7
1999		54366.0					47709.3	39375.3
2000	59341.6	55013.2	1072.8	1601.3	1001.3	653.0	47965.2	40164.3
2001	60025.4	55517.0	1136.5	1665.7	1035.9	670.1	48398.4	40532.2
2002	60753.1	55857.9	1252.0	1759.6	1194.9	660.9	48434.6	40594.9
2003	61056.1	55900.6	1468.2	1835.1	1186.7	665.5	47383.2	40852.5
2004	61511.2	56252.1	1573.3	1862.5	1185.0	638.3	47783.9	40740.6
2005	61897.9	56562.4	1636.6	1861.0	1172.0	672.5	47968.7	41337.7
2006	62559.1	57078.4	1562.1	1988.6	1201.2	728.8	49024.5	41335.0
2007	63413.5	57782.4	1598.4	2039.4	1225.5	767.8	49936.9	41745.7
2008	64119.7	58471.7	1648.9	2065.0	1214.4	719.7	50665.5	42024.9
2009	65164.6	59261.5	1774.7	2088.6	1246.9	793.0	51806.6	42358.2
2010	66352.3	60347.7	1821.9	2151.4	1257.6	773.7	52589.0	42871.5
2011	67742.9	61681.6	1899.2	2178.2	1264.7	719.2	53982.2	43383.4
2012	67782.7	62490.5	1766.8	2189.8	819.4	516.2		
2013	69481.4	63473.3	2111.3	2315.1	1059.4	522.2	53105.4	
2014	70651.7	64539.5	2228.7	2376.2	1092.4	414.8	54974.9	
2015	72060.8	65872.6	2211.1	2433.3	1079.2	464.5	56739.4	
2016	73176.9	67140.6	2388.4	2571.9	1076.0		58107.0	
2017	73946.1	67815.6	2402.7	2623.6	1104.2		58553.3	
2018	74541.8	68271.6	2510.0	2645.6	1114.6		58573.6	
2019	75034.2	68678.6	2600.7	2653.3	1101.5		57913.5	
2020	75687.1	69160.5	2671.9	2704.7	1150.1		58351.7	
2021	78314.8	69609.5	8700.6（林、果、牧合计）				58321.9	

3-10 历年人均耕地灌溉面积和机电灌溉占耕地灌溉比重

Irrigated Area Per Capita and Proportion of Mechanical & Electrical Equipment in Irrigated Area by Year

年份 Year	人均耕地灌溉面积/亩每人 Irrigated Area Per Capita/(mu/person)		机电排灌面积占耕地灌溉面积的比重/% Proportion of Total Mechanical and Electrical Equipment in Irrigated Area /%
	按总人口 Based on Total Population	按乡村人口 Based on Total Rural Population	
1951	0.49	0.58	
1952	0.50	0.59	1.6
1953	0.57	0.67	
1954	0.58	0.68	
1955	0.60	0.71	
1957	0.58	0.69	4.8
1962	0.64	0.77	
1965	0.66	0.80	25.3
1972	0.70	0.83	
1973	0.74	0.87	
1974	0.76	0.89	
1975	0.75	0.89	51.8
1976	0.79	0.93	
1977	0.76	0.90	
1978	0.75	0.89	52.7
1979	0.74	0.89	54.4
1980	0.74	0.90	54.1
1982	0.72	0.87	54.1
1983	0.71	0.87	54.3
1984	0.70	0.87	54.1
1985	0.69	0.86	54.9
1986	0.68	0.80	55.0
1987	0.67	0.84	55.7
1988	0.66	0.83	55.8
1989	0.66	0.83	55.9
1990	0.63	0.81	56.3
1991	0.64	0.82	56.1
1992	0.64	0.82	57.4
1993	0.63	0.83	57.3
1994	0.63	0.83	57.4
1995	0.62	0.82	57.7
1996	0.63	0.83	58.2
1997	0.63	0.86	58.6
1998	0.64	0.88	59.1
1999	0.65	0.86	59.2
2000	0.65	0.87	59.3
2001	0.65	0.89	59.4
2002	0.66	0.90	59.5
2003	0.65	0.89	59.6
2004	0.65	0.90	58.4
2005	0.65	0.89	66.9
2006	0.65	0.90	65.8
2007	0.66	1.19	67.0
2008	0.66	1.22	67.2
2009	0.67	1.25	67.5
2010	0.68	1.34	67.5
2011	0.69	1.41	67.2
2012	0.69	1.46	68.0
2013	0.70	1.51	
2014	0.71	1.56	
2015	0.72	1.64	
2016	0.73	1.71	
2017	0.73	1.72	
2018	0.73	1.82	
2019	0.74	1.87	
2020	0.73	2.03	
2021	0.74	2.10	

3-11　2021 年灌溉面积（按地区分）

Irrigated Area in 2021 (by Region)

单位：千公顷　　　　　　　　　　　　　　　　　　　　　　　　　　　　　　　　　　　unit: 10³ha

地区 Region		灌溉面积 总计 Total Irrigated Area	耕地 灌溉面积 Irrigated Area of Cultivated Land	林地、果园、牧草 灌溉面积 Irrigated Area of Forest, Orchard Garden and Pasture	耕地 实灌面积 Actual Irrigated Area
合　计	**Total**	**78315**	**69609**	**8701**	**58322**
北　京	Beijing	216	109	107	92
天　津	Tianjin	324	285	39	237
河　北	Hebei	4404	3952	452	3359
山　西	Shanxi	1610	1498	112	1437
内蒙古	Inner Mongolia	4816	4379	437	3395
辽　宁	Liaoning	1810	1693	117	1277
吉　林	Jilin	1950	1919	31	1373
黑龙江	Heilongjiang	6248	6221	27	4553
上　海	Shanghai	178	162	16	162
江　苏	Jiangsu	4937	3826	1111	3569
浙　江	Zhejiang	1460	1261	199	1134
安　徽	Anhui	4822	4510	312	3714
福　建	Fujian	1027	826	201	764
江　西	Jiangxi	2352	2158	194	1853
山　东	Shandong	5867	5070	797	4578
河　南	Henan	5769	5518	246	4759
湖　北	Hubei	3319	3111	208	2744
湖　南	Hunan	3243	2875	367	2138
广　东	Guangdong	1816	1529	287	1358
广　西	Guangxi	1630	1435	195	1201
海　南	Hainan	383	327	56	223
重　庆	Chongqing	769	665	104	412
四　川	Sichuan	3502	2784	718	2297
贵　州	Guizhou	1377	1270	107	1141
云　南	Yunnan	2115	1988	126	1672
西　藏	Tibet	519	298	221	245
陕　西	Shaanxi	1466	1192	274	1033
甘　肃	Gansu	1499	1299	200	1222
青　海	Qinghai	301	218	84	174
宁　夏	Ningxia	698	564	134	564
新　疆	Xinjiang	7889	6666	1223	5623

3-12　2021 年灌溉面积（按水资源分区分）

Irrigated Area in 2021 (by Water Resources Sub-region)

单位：千公顷

地区	Region	灌溉面积 总计 Total Irrigated Area	耕地 灌溉面积 Irrigated Area of Cultivated Land	林地、果园、牧草 灌溉面积 Irrigated Area of Forest, Orchard Garden and Pasture	耕地 实灌面积 Actual Irrigated Area
合　计	**Total**	**78315**	**69609**	**8701**	**58322**
松花江区	Songhua River	8784	8703	81	5991
辽河区	Liaohe River	3890	3561	328	2957
海河区	Haihe River	7964	7091	873	6240
黄河区	Yellow River	6673	5897	772	5407
淮河区	Huaihe River	13970	12637	1333	10880
长江区	Yangtze River	19085	16446	2632	13807
东南诸河区	Southeast Rivers	2209	1836	372	1667
珠江区	Pearl River	4664	4099	565	3472
西南诸河区	Southwest Rivers	1746	1469	284	1212
西北诸河区	Northwest Rivers	9330	7871	1459	6689

3-13 2021年灌溉面积（按水资源分区和地区分）

Irrigated Area in 2021 (by Water Resources Sub-region and Region)

单位：千公顷 unit: 10³ha

地区	Region	灌溉面积 总计 Total Irrigated Area	耕地 灌溉面积 Irrigated Area of Cultivated Land	林地、果园、牧草 灌溉面积 Irrigated Area of Forest, Orchard Garden and Pasture	耕地 实灌面积 Actual Irrigated Area
松花江区	**Songhua River**	**8784**	**8703**	**81**	**5991**
内蒙古	Inner Mongolia	915	891	24	266
吉 林	Jilin	1621	1591	29	1172
黑龙江	Heilongjiang	6248	6221	27	4553
辽河区	**Liaohe River**	**3890**	**3561**	**328**	**2957**
内蒙古	Inner Mongolia	1808	1595	213	1519
辽 宁	Liaoning	1754	1639	115	1237
吉 林	Jilin	329	327	1	201
海河区	**Haihe River**	**7964**	**7091**	**873**	**6240**
北 京	Beijing	216	109	107	92
天 津	Tianjin	324	285	39	237
河 北	Hebei	4404	3952	452	3359
山 西	Shanxi	578	558	20	541
内蒙古	Inner Mongolia	87	78	9	73
辽 宁	Liaoning	56	54	2	40
山 东	Shandong	1692	1490	202	1407
河 南	Henan	606	563	43	491
黄河区	**Yellow River**	**6673**	**5897**	**772**	**5407**
山 西	Shanxi	1032	940	92	916
内蒙古	Inner Mongolia	1725	1599	126	1415
山 东	Shandong	343	309	34	285
河 南	Henan	996	938	53	900
四 川	Sichuan	2	0.1	2	0.1
陕 西	Shaanxi	1273	1045	228	893
甘 肃	Gansu	411	346	66	314
青 海	Qinghai	193	155	38	121
宁 夏	Ningxia	698	564	134	564
淮河区	**Huaihe River**	**13970**	**12637**	**1333**	**10880**
江 苏	Jiangsu	3329	2863	467	2632
安 徽	Anhui	3106	2938	168	2381
山 东	Shandong	3831	3270	561	2886
河 南	Henan	3703	3566	137	2981

3-13　续表　continued

地区	Region	灌溉面积 总计 Total Irrigated Area	耕地 灌溉面积 Irrigated Area of Cultivated Land	林地、果园、牧草 灌溉面积 Irrigated Area of Forest, Orchard Garden and Pasture	耕地 实灌面积 Actual Irrigated Area
长江区	**Yangtze River**	**19085**	**16446**	**2632**	**13807**
上　海	Shanghai	178	162	16	162
江　苏	Jiangsu	1608	964	644	937
浙　江	Zhejiang	286	258	28	239
安　徽	Anhui	1708	1565	144	1326
江　西	Jiangxi	2352	2158	194	1853
河　南	Henan	464	450	13	388
湖　北	Hubei	3319	3111	208	2744
湖　南	Hunan	3146	2782	363	2074
广　西	Guangxi	64	46	17	44
重　庆	Chongqing	769	665	104	412
四　川	Sichuan	3500	2784	716	2297
贵　州	Guizhou	1001	921	80	837
云　南	Yunnan	446	397	49	330
西　藏	Tibet	16	8	1	8
陕　西	Shaanxi	193	148	46	140
甘　肃	Gansu	31	23	8	13
青　海	Qinghai	6	5	1	3
东南诸河区	**Southeast Rivers**	**2209**	**1836**	**372**	**1667**
浙　江	Zhejiang	1174	1003	171	895
安　徽	Anhui	8	7	0.3	7
福　建	Fujian	1027	826	201	764
珠江区	**Pearl River**	**4664**	**4099**	**565**	**3472**
湖　南	Hunan	97	93	4	64
广　东	Guangdong	1816	1529	287	1358
广　西	Guangxi	1566	1389	177	1157
海　南	Hainan	383	327	56	223
贵　州	Guizhou	376	349	27	303
云　南	Yunnan	426	413	14	367
西南诸河区	**Southwest Rivers**	**1746**	**1469**	**284**	**1212**
云　南	Yunnan	1243	1179	64	974
西　藏	Tibet	503	290	220	237
青　海	Qinghai				
西北诸河区	**Northwest Rivers**	**9330**	**7871**	**1459**	**6689**
内蒙古	Inner Mongolia	281	216	65	122
甘　肃	Gansu	1056	930	126	895
青　海	Qinghai	103	58	45	50
新　疆	Xinjiang	7889	6666	1223	5623

3-14 历年耕地灌溉面积减少原因
Reasons of Decrease of Irrigated Area by Year

单位：千公顷   unit: 10³ha

年份 Year	耕地灌溉面积 Irrigated Area of Cultivated Land		耕地灌溉面积减少原因 Reasons of Decrease of Irrigated Area					
	新增 Newly-increased Area	减少 Reduced Area	工程老化、毁损 Aging and Damage of Structures	机井报废 Abortion of Wells	建设占地 Land Occupation by Construction	长期水源不足 Long-term Insufficiency of Water Sources	退耕 Converting Farmland to Other Usage	其他 Others
2003	1226.08	1183.39	404.32	19.96	216.77		228.24	314.09
2004	1159.95	808.45	281.74	14.98	206.02		100.59	205.13
2005	1012.35	697.34	237.31	14.91	199.94		68.43	176.76
2006	1343.11	796.86	183.12		123.67	100.06	39.69	350.32
2007	1344.05	608.63	192.26		125.89	54.62	51.93	183.93
2008	1318.27	648.41	239.55		97.04	96.52	22.95	192.35
2009	1533.10	742.85	245.13		126.19	79.36	25.62	266.55
2010	1721.64	659.17	250.41		91.06	87.38	47.55	182.78
2011	2129.97	803.32	294.03		104.05	88.81	19.16	297.28
2012	2151.38	743.78	335.11		107.92	78.55	17.48	204.72
2013	1552.29	473.27	85.99		87.22	73.24	59.54	167.28
2014	1647.77	685.62	73.86		99.69	151.85	40.77	319.45
2015	1797.66	463.94	56.63		67.47	95.64	25.07	219.15
2016	1561.43	465.70	96.49		79.48	42.61	68.68	178.44
2017	1070.34	486.47	106.03		77.48	30.09	121.03	151.85
2018	828.48	355.80	42.29		42.83	37.74	109.58	123.36
2019	780.03	345.02	24.10		44.88	32.76	67.50	175.79
2020	870.37	393.84	22.17		46.29	20.25	99.96	205.17
2021	1113.90	702.19	35.13		31.58	10.87	31.92	592.70

3-15 2021年耕地灌溉面积减少原因（按地区分）

Reasons of Decrease of Irrigated Area in 2021 (by Region)

单位：千公顷   unit: 10³ha

地区 Region		耕地灌溉面积 Irrigated Area of Cultivated Land		耕地灌溉面积减少原因 Reasons of Decrease of Irrigated Area				
		新增 Newly- increased Area	减少 Reduced Area	工程老化、毁损 Aging and Damage of Structures	建设占地 Land Occupation by Construction	长期水源不足 Long-term Insufficiency of Water Sources	退耕 Converting Farmland to Other Usage	其他 Others
合　计	Total	**1113.90**	**702.19**	**35.13**	**31.58**	**10.87**	**31.92**	**592.70**
北　京	Beijing	1.97	2.00		0.68			1.33
天　津	Tianjin	0.63	4.65				2.57	2.08
河　北	Hebei	82.23	63.04	4.10	3.78	0.08	7.73	47.36
山　西	Shanxi	3.16	5.09	0.81	1.44	0.86	0.05	1.93
内蒙古	Inner Mongolia		15.15					15.15
辽　宁	Liaoning	71.18	13.95					13.95
吉　林	Jilin	6.78	6.89		0.03		0.02	6.84
黑龙江	Heilongjiang	85.77	29.67		0.01		5.60	24.06
上　海	Shanghai	0.47	0.40					0.40
江　苏	Jiangsu	30.93	24.11					24.11
浙　江	Zhejiang	29.38	26.61	0.02		0.003		26.59
安　徽	Anhui	53.79	13.15	2.20	1.28		5.93	3.74
福　建	Fujian	38.37	75.50	0.70	3.06	1.27		70.47
江　西	Jiangxi	23.27	6.00					6.00
山　东	Shandong	81.63	92.94	8.01	3.03	0.41	0.66	80.82
河　南	Henan	132.66	42.24	13.56	3.34	4.73	0.11	20.50
湖　北	Hubei	47.74	45.40		1.95	0.16	0.39	42.89
湖　南	Hunan	76.05	30.96	0.08	1.53			29.35
广　东	Guangdong							
广　西	Guangxi	17.51	9.42	0.01	1.48	0.23	0.21	7.50
海　南	Hainan	34.42						
重　庆	Chongqing	6.14	1.74	0.55	1.19			
四　川	Sichuan	62.38	91.71		0.05			91.66
贵　州	Guizhou	15.77	4.57		3.00			1.57
云　南	Yunnan	60.30	14.88	2.27	0.50	1.08	0.25	10.78
西　藏	Tibet	21.14	6.08		0.15			5.93
陕　西	Shaanxi	32.15	22.49	2.61	4.26	1.04	0.26	14.31
甘　肃	Gansu	18.35	0.84	0.22	0.62			
青　海	Qinghai	4.92	8.55		0.20		0.03	8.32
宁　夏	Ningxia	31.83	20.86			1.00		19.86
新　疆	Xinjiang	42.99	23.31				8.11	15.20

3-16 2021年耕地灌溉面积减少原因（按水资源分区分）

Reasons of Decrease of Irrigated Area in 2021
(by Water Resources Sub-region)

单位：千公顷　　　　　　　　　　　　　　　　　　　　　　　　　　　　　　unit: 10³ha

水资源 一级区 Grade-I Water Resources Sub-region		耕地灌溉面积 Irrigated Area of Cultivated Land		耕地灌溉面积减少原因 Reasons of Decrease of Irrigated Area				
		新增 Newly- increased Area	减少 Reduced Area	工程老化、毁损 Aging and Damage of Structures	建设占地 Land Occupation by Construction	长期水源不足 Long-term Insufficiency of Water Sources	退耕 Converting Farmland to Other Usage	其他 Others
合 计	**Total**	**1113.90**	**702.19**	**35.13**	**31.58**	**10.87**	**31.92**	**592.70**
松花江区	Songhua River	91.65	35.859		0.01		5.60	30.25
辽河区	Liaohe River	72.07	14.65		0.03		0.02	14.60
海河区	Haihe River	109.94	87.65	5.01	4.51	0.91	11.06	66.16
黄河区	Yellow River	77.68	52.78	2.25	3.47	2.04	0.06	44.96
淮河区	Huaihe River	217.08	113.31	17.10	7.63	3.78	0.06	84.73
长江区	Yangtze River	307.26	241.58	8.51	9.89	2.55	6.55	214.08
东南诸河区	Southeast Rivers	60.55	94.92	0.71	3.06	1.27		89.88
珠江区	Pearl River	68.89	13.12	1.50	2.41	0.26	0.21	8.74
西南诸河区	Southwest Rivers	52.56	8.64	0.05	0.56	0.05	0.25	7.73
西北诸河区	Northwest Rivers	56.22	39.68				8.11	31.57

3-17 2021 年耕地灌溉面积减少原因（按水资源分区和地区分）

Reasons of Decrease of Irrigated Area in 2021
(by Water Resources Sub-region and Region)

单位：千公顷 unit: 10³ha

地区 / Region		耕地灌溉面积 Irrigated Area of Cultivated Land		耕地灌溉面积减少原因 Reasons of Decrease of Irrigated Area				
		新增 Newly-increased Area	减少 Reduced Area	工程老化、毁损 Aging and Damage of Structures	建设占地 Land Occupation by Construction	长期水源不足 Long-term Insufficiency of Water Sources	退耕 Converting Farmland to Other Usage	其他 Others
松花江区	**Songhua River**	**91.65**	**35.86**		**0.01**		**5.60**	**30.25**
内蒙古	Inner Mongolia							
吉　林	Jilin	5.88	6.19					6.19
黑龙江	Heilongjiang	85.77	29.67		0.01		5.60	24.06
辽河区	**Liaohe River**	**72.07**	**14.65**		**0.03**		**0.02**	**14.60**
内蒙古	Inner Mongolia							
辽　宁	Liaoning	71.16	13.95					13.95
吉　林	Jilin	0.90	0.70		0.03		0.02	0.65
海河区	**Haihe River**	**109.94**	**87.65**	**5.01**	**4.51**	**0.91**	**11.06**	**66.16**
北　京	Beijing	1.97	2.00		0.68			1.33
天　津	Tianjin	0.63	4.65				2.57	2.08
河　北	Hebei	82.23	63.04	4.10	3.78	0.08	7.73	47.36
山　西	Shanxi	1.58	1.66	0.75	0.06	0.77	0.05	0.03
内蒙古	Inner Mongolia							
辽　宁	Liaoning	0.02						
山　东	Shandong	17.32	4.36				0.66	3.70
河　南	Henan	6.20	11.93	0.16		0.06	0.05	11.66
黄河区	**Yellow River**	**77.68**	**52.78**	**2.25**	**3.47**	**2.04**	**0.06**	**44.96**
山　西	Shanxi	1.58	3.43	0.06	1.38	0.09		1.90
内蒙古	Inner Mongolia							
山　东	Shandong	2.52	3.24			0.4		2.84
河　南	Henan	2.24	0.02		0.02			
四　川	Sichuan							
陕　西	Shaanxi	29.64	17.41	2.19	1.35	0.55	0.06	13.26
甘　肃	Gansu	6.50	0.53		0.53			
青　海	Qinghai	3.38	7.30		0.20			7.10
宁　夏	Ningxia	31.83	20.86			1.00		19.86
淮河区	**Huaihe River**	**217.08**	**113.31**	**17.10**	**7.63**	**3.78**	**0.06**	**84.73**
江　苏	Jiangsu	17.08	7.30					7.30
安　徽	Anhui	31.55	4.45	1.20	1.28			1.97
山　东	Shandong	61.80	85.34	8.01	3.03	0.01		74.28
河　南	Henan	106.66	16.22	7.89	3.32	3.77	0.06	1.18

3-17 续表 continued

地区 Region		耕地灌溉面积 Irrigated Area of Cultivated Land		耕地灌溉面积减少原因 Reasons of Decrease of Irrigated Area				
		新增 Newly-increased Area	减少 Reduced Area	工程老化、毁损 Aging and Damage of Structures	建设占地 Land Occupation by Construction	长期水源不足 Long-term Insufficiency of Water Sources	退耕 Converting Farmland to Other Usage	其他 Others
长江区	**Yangtze River**	**307.26**	**241.58**	**8.51**	**9.89**	**2.55**	**6.55**	**214.08**
上 海	Shanghai	0.47	0.40					0.40
江 苏	Jiangsu	13.85	16.81					16.81
浙 江	Zhejiang	7.19	7.19	0.003		0.003		7.18
安 徽	Anhui	22.24	8.70	1.00			5.93	1.77
江 西	Jiangxi	23.27	6.00					6.00
河 南	Henan	17.56	14.07	5.51		0.90		7.66
湖 北	Hubei	47.74	45.40		1.95	0.16	0.39	42.89
湖 南	Hunan	70.01	30.95	0.08	1.53			29.34
广 西	Guangxi	0.02						
重 庆	Chongqing	6.14	1.74	0.55	1.19			
四 川	Sichuan	62.38	91.71		0.05			91.66
贵 州	Guizhou	11.13	2.55		2.16			0.39
云 南	Yunnan	22.58	10.65	0.73		1.00		8.92
西 藏	Tibet							
陕 西	Shaanxi	2.51	5.08	0.42	2.92	0.49	0.20	1.06
甘 肃	Gansu	0.16	0.31	0.22	0.09			
青 海	Qinghai		0.03				0.03	
东南诸河区	**Southeast Rivers**	**60.55**	**94.92**	**0.71**	**3.06**	**1.27**		**89.88**
浙 江	Zhejiang	22.19	19.42	0.01				19.41
安 徽	Anhui							
福 建	Fujian	38.37	75.50	0.70	3.06	1.27		70.47
珠江区	**Pearl River**	**68.89**	**13.12**	**1.50**	**2.41**	**0.26**	**0.21**	**8.74**
湖 南	Hunan	6.04	0.01					0.01
广 东	Guangdong							
广 西	Guangxi	17.49	9.42	0.01	1.48	0.23	0.21	7.50
海 南	Hainan	34.42						
贵 州	Guizhou	4.64	2.02		0.84			1.18
云 南	Yunnan	6.30	1.67	1.49	0.09	0.03		0.06
西南诸河区	**Southwest Rivers**	**52.56**	**8.64**	**0.05**	**0.56**	**0.05**	**0.25**	**7.73**
云 南	Yunnan	31.41	2.56	0.05	0.41	0.05	0.25	1.80
西 藏	Tibet	21.14	6.08		0.15			5.93
青 海	Qinghai							
西北诸河区	**Northwest Rivers**	**56.22**	**39.68**				**8.11**	**31.57**
内蒙古	Inner Mongolia		15.15					15.15
甘 肃	Gansu	11.69						
青 海	Qinghai	1.54	1.22					1.22
新 疆	Xinjiang	42.99	23.31				8.11	15.20

3-18 历年机电灌溉面积

Lifting Irrigated Area by Year

单位：千公顷　　　　　　　　　　　　　　　　　　　　　　　　　　　　　　　　unit: 10³ha

年份 Year	机电排灌 面积 Irrigated and Drainage Area by Mechanical and Electrical Equipment	机电提灌 面积合计 Total Irrigated Area by Lifting	#机电井 Mechanical and Electrical Well	固定站 Fixed Station	流动机 Mobile Equipment	纯排面积 Drainage Area Only
1951	285.33					
1952	317.33					
1953	349.33					
1954	396.00					
1955	529.33					
1956	786.00					
1957	1202.00					
1961	4932.67					
1962	6135.33					
1963	5474.00					
1964	6246.00					
1965	8093.33					
1970	14992.00					
1971	16063.33					
1972	19549.33					
1973	21976.00					
1974	24588.67					
1975		23908.00				
1976	28850.67					
1977	28778.67					
1978	30368.00	25335.33				
1979		26305.33				
1980		26440.00				
1982		26316.00				
1983		26302.67				
1984		26182.67				
1985		26298.00				
1986		26346.00				
1987	30763.33	26729.33	11087.33			
1988	30729.33	26728.67	11216.67			
1989	31032.00	27038.00	11435.33			
1990	31225.33	27235.33	11739.33			
1991	31489.33	27449.33	12111.33			
1992	32496.00	28379.33	12253.33			
1993	32596.00	28550.00	12487.33			
1994	32739.33	28642.00	12526.00			
1995	33274.00	29070.00	12789.33			
1996	34005.33	29751.33	13358.00			
1997	34915.33	30654.00	14131.33			
1998	35874.00	31570.00	14702.67			
1999	36554.00	32191.33	15000.67			
2000	36854.65	32617.80	15127.02	12203.14	3637.82	4236.85
2001	37107.41	33004.01	16309.19	12330.34	3630.53	4103.40
2002	37323.30	33209.58	16411.35	12312.55	3636.75	4113.73
2003	37354.03	33294.28	16512.60	12259.25	3596.13	4059.76
2004	36978.56	32873.33	16936.66	12205.17	3598.49	4105.13
2005	37867.51	33516.94	17046.12	12062.57	3515.88	4349.34
2006	37563.34	33091.40	16798.61	11350.62	2736.21	4471.94
2007	38715.60	34264.86	16893.65	11409.77	3131.62	4450.74
2008	39277.47	34659.23	17163.39	11152.60	3157.11	4618.25
2009	40016.33	35580.95	17480.25	11360.22	3199.92	4435.39
2010	40750.57	36400.59	17807.31	11414.81	3261.04	4349.98
2011	41464.71	37079.32	18249.96	11404.50	3322.12	4385.39
2012	42491.40	38151.53	18474.24	11637.42	3294.36	4340.71

3-19 历年节水灌溉面积
Water-saving Irrigated Area by Year

单位：千公顷　　　　　　　　　　　　　　　　　　　　　　　　　　　　　　　　　　unit: 10³ha

年份 Year	节水灌溉面积合计 Total Area of Water-saving Irrigation	喷灌 Sprinkler	微灌 Micro-irrigation	低压管灌 Low-pressure Pipe Irrigation	渠道防渗 Canal Lining	其他 Others
2000	16388.86	2131.40	152.58	3567.92	6361.33	4175.63
2001	17446.38	2364.21	215.39	3903.69	6925.30	4037.79
2002	18627.05	2473.21	278.76	4156.77	7570.88	4147.42
2003	19442.80	2633.67	371.10	4476.17	8071.47	3890.39
2004	20346.23	2674.83	479.64	4706.29	8561.95	3923.53
2005	21338.15	2746.28	621.76	4991.84	9133.16	3845.12
2006	22425.96	2823.84	754.89	5263.75	9593.65	3989.83
2007	23489.46	2876.47	976.98	5573.92	10058.12	4003.97
2008	24435.52	2821.18	1249.62	5873.00	10447.73	4044.00
2009	25755.11	2926.71	1669.27	6249.36	11166.07	3743.71
2010	27313.87	3025.44	2115.68	6680.04	11580.30	3912.41
2011	29179.47	3181.79	2613.94	7130.37	12175.04	4078.33
2012	31216.69	3373.48	3226.29	7526.03	12823.39	4264.34

年份 Year	节水灌溉面积合计 Total Area of Water-saving Irrigation	喷灌 Sprinkler	微灌 Micro-irrigation	低压管灌 Low-pressure Pipe Irrigation	其他 Others	
2013	27108.62	2990.62	3856.54	7424.25	12837.21	
2014	29018.76	3161.96	4681.50	8271.03	12904.26	
2015	31060.44	3747.97	5263.60	8911.76	13137.11	
2016	32846.99	4099.45	5854.58	9451.25	13441.71	
2017	34318.97	4277.50	6283.47	9990.14	13767.86	
2018	36134.72	4410.52	6927.02	10565.77	14231.42	
2019	37059.31	4549.78	7047.76	11043.33	14418.45	
2020	37795.99	4613.32	7202.61	11374.55		

主要统计指标解释

万亩以上灌区处数 在蓄水、引水、提水等灌溉工程中，灌溉设备齐全、渠系配套完整，自成灌溉体系，有统一管理的灌溉区域的数量。

灌溉面积 一个地区当年农、林、牧等灌溉面积的总和。总灌溉面积=耕地灌溉面积+林地灌溉面积+果园灌溉面积+牧草灌溉面积+其他灌溉面积。

耕地灌溉面积 灌溉工程或设备已基本配套，有一定水源，土地比较平整，在一般年景可以进行正常灌溉的农田或耕地灌溉面积。

耕地实灌面积 利用灌溉工程和设施，在耕地灌溉面积中当年实际已进行正常（灌水一次以上）灌溉的耕地面积。在同一亩耕地上，报告期内无论灌水几次，都应按一亩计算，而不应按灌溉亩次计算。凡是肩挑、人抬、马拉抗旱点种的面积，一律不算实灌面积。耕地实灌面积不大于耕地灌溉面积。

机电排灌面积 由固定站、流动站、机电井、喷灌机械等所有机械、电动力设备进行排水、灌溉的耕地面积。其中，只要有固定的机械排灌的设施，能够进行正常排灌，不论当年是否进行排灌，都应统计为机电排灌面积（含灌排结合面积）。

旱涝保收面积 耕地灌溉面积中，遇旱能灌、遇涝能排的面积。灌溉设施的抗旱能力，按各地不同情况，应达到30～50天；适宜发展双季稻的地方，应达到50～70天。除涝达到 5 年一遇以上标准，防洪一般达到 20 年一遇标准的耕地灌溉面积。

农田排灌机械保有量 机、电动力抽水设备提水灌溉和排水统称排灌机械。排灌机械按使用动力分为电动与内燃机。按工程设施分为固定机电排灌站、流动机电排灌、喷滴灌机电排灌及机电井机电排灌 4 类。

固定机电排灌站处数 以江河、湖泊、水库、渠道等地面水为水源，在固定地点建设的以电动机、柴油机、汽油机等为动力带动水泵抽水灌溉、排水，并已发挥效益的灌溉站、排水站、排灌站的数量。

固定机电排灌站装机容量 等于电动机排灌站装机容量与内燃机排灌站装机容量之和。

机电井眼数 安装柴油机、汽油机、电动机或其他动力机械带动水泵抽取地下水灌溉耕地、牧草地，包括已装机配套的和待装机配套的水井眼数。

配套机电井眼数 已经安装机电提水设备（包括线路）可以进行正常灌溉的机电井眼数。在几眼井上使用一台设备，但能适时灌溉的和一机多用而主要用于机、电井的，均应视为"已配套机电井"，包括由于提水设备或机井本身损坏待修理，暂时不能使用的"已配套机电井"。

机电井装机容量 水利工程机组设备的容量，以机组铭牌的容量为准，包括停机检修和事故备用容量。

配套机电井装机容量 包括机配井装机容量与电配井装机容量之和。

流动机装机容量 等于电动机装机容量与内燃机装机容量之和。

喷滴灌装机容量 用于喷滴灌技术灌溉农用地的喷滴灌使用的机械动力数，只统计喷滴灌机的动力，不包括给喷滴灌机输入、送水源的动力。

Explanatory Notes of Main Statistical Indicators

Number of irrigation district with an area above 10,000 mu Total number of districts above 10,000 mu designed for irrigation purpose and having complete irrigation facilities and sub-canal systems, as self-established irrigation system under unified management, and located in the irrigation schemes for water storage, diversion or lifting.

Irrigated area The sum of irrigated areas for agriculture, forest, pasture and grassland in a particular region. The total irrigated area is equal to the sum of irrigated areas of cultivated land (arable land), forest, fruit garden or orchard, grassland and others. Irrigated areas in the current year mean the total irrigated areas at the end of the year.

Irrigated areas of cultivated land It refers to farmland or cultivated land installed with irrigation facilities and having water source and relatively leveled land, which is being irrigated in normal years.

Actual irrigated area It refers to the area being irrigated (once or more than once) in the statistical year, with irrigation system or facilities. No matter how many times of irrigation is made in the same area of land within report period, it is all counted as one mu. The areas irrigated by means of people or animal carrying water for drought-relief are not included. Actual irrigated area equals to or less than the irrigated area of cultivated land.

Irrigated and drainage areas with mechanical and electrical equipment The areas are drained or irrigated by electrical and mechanical facilities, including fixed or movable irrigation and drainage facilities, electromechanical wells and sprinklers. No matter farmland is irrigated in the statistical year or not, if fixed irrigation facilities are placed, the area should be included (including area for both irrigation and drainage).

Harveat-guaranteed area in case of flood and drought It refers to farmland that can be irrigated in drought season or drained in flood season. The irrigation facility should be able to release drought for 30-50 days based on local conditions in different regions; and release drought for 50-70 days in paddy fields suit for double cropping. Waterlogging control in the irrigated areas should reach the standard of once in five years return period and flood control should reach the standard of once in twenty years return period.

Registered machinery and equipment for irrigation and drainage It refers to machinery and equipment driven by mechanical or electrical power for pumping or lifting. According to the source of power, they are divided into electrical power and internal combustion engine. It is also grouped into four types: fixed electric-mechanical irrigation and drainage station, mobile electric-mechanical irrigation and drainage facility, sprinkler and drip electric-mechanical irrigation and drainage facility, and borehole and tube wells or electric-mechanical wells.

Number of fixed irrigation and drainage stations The total of irrigation and drainage stations that already generate benefits, use surface water such as river, lake, reservoir and canal as sources for pumping water, and are equipped with electric motor, diesel or gasoline engine in a fixed place for irrigation and drainage.

Installed capacity of fixed irrigation and drainage station Sum of installed capacity of fixed electric-mechanical irrigation and drainage station and fixed irrigation and drainage facilities empowered by diesel engine.

Number of mechanical and electrical wells The total number of boreholes and tube wells with installed counterpart facilities or shall be installed according to the plan, which use diesel or gasoline engine, electric motor or other power machines to pump or lift water for irrigation of farmlands and pasture lands.

Number of counterpart mechanical and electric wells Boreholes and tube wells, installed with pumping facilities (including lines), can be used for irrigation; It also includes wells that share one pump but can ensure timely irrigation and temporarily unused wells because of damage and waiting for repair.

Installed capacity of mechanical and electric wells Installed capacity of electric-mechanical equipment based on brand instruction, including repair or overhaul and accident spare capacity.

Installed capacity of counterpart mechanical and electric wells Total of installed capacity of wells equipped with mechanical equipment and installed capacity of wells equipped by electrical equipment.

Installed capacity of mobile equipment Total of installed capacity of electrical motors and installed capacity of internal combustion engines.

Installed capacity of sprinkler and drip It refers to the installed capacity of sprinklers and drips, but excludes the power for conveying water to sprinkler and drip systems.

4 供用水

Water Supply and Utilization

简　要　说　明

供用水统计资料主要包括水利工程设施供水及农村饮水安全等。

供用水量及饮水安全情况按水资源一级分区和地区分组。

1. 供水按受水区分地表水源、地下水源和其他水源统计。

2. 蓄水工程、引水工程、机电井工程与泵站工程供水量统计范围为全社会管理的工程。

3. 农村饮水安全人口统计范围只限于农村，2004 年及以前年份统计"解决饮水困难人口"指标，2005 年后统计"饮水安全人口"指标。

Brief Introduction

Statistical data of water supply and utilization mainly covers comsumption and water supply utilities as well as status of drinking water safety in rural areas.

Quantity of water supply and safety condition of drinking water is classified in accordance with Grade-I water resources region and region.

1. Water supply is grouped based on sources of water-receiving areas, like surface water, groundwater or others.

2. Statistical data of water supply only includes storage works, water diversion canals, electro-mechanical wells and pumping stations operated by all the organs.

3. Statistical data of population access to safe drinking water is only limited to rural areas. Index of "population with drinking water" is used in 2004 and before; the index of "population with safe drinking water" is used in 2005 and after.

4-1 历年供用水量

Water Supply and Utilization by Year

单位：亿立方米

unit: $10^8 m^3$

年份 Year	供水量 合计 Total Water Supply	地表水 Surface Water	地下水 Ground- water	其他 Others	用水量 合计 Total Water Utilization	农业 Agricultural	工业 Industrial	生活 Domestic	人工生态环境补水 Artificial Water Recharge to Eco-environmental
2001	5567.4	4450.7	1094.9	21.9	5567.4	3825.7	1141.8	599.9	
2002	5497.3	4404.4	1072.4	20.5	5497.3	3736.2	1142.4	618.7	
2003	5320.4	4286.0	1018.1	16.3	5320.4	3432.8	1177.2	630.9	79.5
2004	5547.8	4504.2	1026.4	17.2	5547.8	3585.7	1228.9	651.2	82.0
2005	5633.0	4572.2	1038.8	22.0	5633.0	3580.0	1285.2	675.1	92.7
2006	5795.0	4706.8	1065.5	22.7	5795.0	3664.4	1343.8	693.8	93.0
2007	5818.7	4723.5	1069.5	25.7	5818.7	3598.5	1404.1	710.4	105.7
2008	5909.9	4796.4	1084.8	28.7	5909.9	3663.4	1397.1	729.2	120.2
2009	5965.2	4839.5	1094.5	31.2	5965.2	3723.1	1390.9	748.2	103.0
2010	6022.0	4881.6	1107.3	33.1	6022.0	3689.1	1447.3	765.8	119.8
2011	6107.2	4953.3	1109.1	44.8	6107.2	3743.6	1461.8	789.9	111.9
2012	6131.2	4952.8	1133.8	44.6	6131.2	3902.5	1380.7	739.7	108.3
2013	6183.4	5007.3	1126.2	49.9	6183.4	3921.5	1406.4	750.1	105.4
2014	6094.9	4920.5	1116.9	57.5	6094.9	3869.0	1356.1	766.6	103.2
2015	6103.2	4969.5	1069.2	64.5	6103.2	3852.2	1334.8	793.5	122.7
2016	6040.2	4912.4	1057.0	70.8	6040.2	3768.0	1308.0	821.6	142.6
2017	6043.4	4945.5	1016.7	81.2	6043.4	3766.4	1277.0	838.1	161.9
2018	6015.5	4952.7	976.4	86.4	6015.5	3693.1	1261.6	859.9	200.9
2019	6021.2	4982.5	934.2	104.5	6021.2	3682.3	1217.6	871.7	249.6
2020	5812.9	4792.3	892.5	128.1	5812.9	3612.4	1030.4	863.1	307.0
2021	5920.2	4928.1	853.8	138.3	5920.2	3644.3	1049.6	909.4	316.9

4-2 2021 年供用水量（按地区分）

Water Supply and Utilization in 2021 (by Region)

单位：亿立方米   unit: $10^8 m^3$

地区	Region	供水量合计 Total Water Supply	地表水 Surface Water	地下水 Ground-water	其他(非常规水源) Others (Unconventional water resources)	用水量合计 Total Water Utilization	农业 Agricultural	工业 Industrial	生活 Domestic	人工生态环境补水 Artificial Water Recharge to Eco-environmental
合 计	Total	5920.2	4928.1	853.8	138.3	5920.2	3644.3	1049.6	909.4	316.9
北 京	Beijing	40.8	21.6	13.6	5.5	40.8	2.8	2.9	19.4	15.7
天 津	Tianjin	32.3	23.8	2.7	5.8	32.3	9.3	4.8	7.0	11.3
河 北	Hebei	181.9	96.2	73.2	12.5	181.9	97.1	17.7	27.8	39.3
山 西	Shanxi	72.6	38.5	28.2	6.0	72.6	40.8	12.3	15.1	4.5
内蒙古	Inner Mongolia	191.7	105.7	79.0	7.0	191.7	137.5	13.4	11.7	29.1
辽 宁	Liaoning	129.0	76.7	46.5	5.8	129.0	77.2	16.5	26.6	8.7
吉 林	Jilin	110.2	74.3	33.8	2.1	110.2	79.9	9.2	13.1	8.1
黑龙江	Heilongjiang	324.5	200.2	122.0	2.2	324.5	289.2	17.8	15.9	1.6
上 海	Shanghai	105.8	105.5		0.2	105.8	15.3	65.0	24.7	0.9
江 苏	Jiangsu	567.5	552.4	3.2	11.9	567.5	246.2	250.2	66.1	5.1
浙 江	Zhejiang	166.4	161.7	0.2	4.5	166.4	73.3	35.8	50.6	6.8
安 徽	Anhui	271.7	239.5	25.8	6.3	271.7	144.1	82.1	36.5	9.0
福 建	Fujian	182.6	175.3	3.3	4.0	182.6	99.8	35.4	32.4	14.9
江 西	Jiangxi	249.4	241.9	5.0	2.5	249.4	167.3	48.7	28.8	4.6
山 东	Shandong	210.1	128.9	66.8	14.4	210.1	115.8	32.6	40.3	21.4
河 南	Henan	222.9	115.6	96.9	10.3	222.9	115.0	28.0	45.1	34.8
湖 北	Hubei	336.1	330.5	5.4	0.3	336.1	177.7	85.6	51.9	21.0
湖 南	Hunan	322.4	312.1	6.7	3.6	322.4	199.9	62.1	48.4	11.9
广 东	Guangdong	407.0	394.0	8.6	4.4	407.0	204.2	78.2	117.9	6.7
广 西	Guangxi	268.5	258.2	7.1	3.2	268.5	189.6	36.5	36.1	6.3
海 南	Hainan	45.0	43.3	1.3	0.4	45.0	34.0	1.5	8.5	1.0
重 庆	Chongqing	72.1	66.2	0.5	5.4	72.1	28.7	19.3	22.5	1.6
四 川	Sichuan	244.3	236.4	6.5	1.4	244.3	158.6	21.8	57.0	6.9
贵 州	Guizhou	104.1	100.6	2.1	1.4	104.1	62.1	20.0	20.0	2.0
云 南	Yunnan	160.3	153.2	3.9	3.2	160.3	112.1	15.7	27.5	5.0
西 藏	Tibet	32.4	29.0	3.3	0.1	32.4	27.3	1.1	3.5	0.4
陕 西	Shaanxi	91.8	57.7	29.2	4.9	91.8	54.6	10.9	20.3	5.9
甘 肃	Gansu	110.1	83.9	23.5	2.7	110.1	82.6	6.5	9.7	11.3
青 海	Qinghai	24.5	19.1	5.0	0.5	24.5	17.5	2.5	2.9	1.7
宁 夏	Ningxia	68.1	61.9	5.2	1.0	68.1	56.9	4.2	3.7	3.3
新 疆	Xinjiang	573.9	424.1	145.0	4.8	573.9	527.9	11.2	18.7	16.2

4-3　2021年供用水量（按水资源分区分）

Water Supply and Utilization in 2021 (by Water Resources Sub-region)

单位：亿立方米　　　　　　　　　　　　　　　　　　　　　　　　　　　　　　　　　　　　　unit: 10⁸m³

水资源一级区	Grade-I Water Resources Sub-region	供水量合计 Total Water Supply	地表水 Surface Water	地下水 Ground-water	其他（非常规水源） Others (Unconventional water Resources)	用水量合计 Total Water Utilization	农业 Agricultural	工业 Industrial	生活 Domestic	人工生态环境补水 Artificial Water Recharge to Eco-environmental
合　计	Total	5920.2	4928.1	853.8	138.3	5920.2	3644.3	1049.6	909.4	316.9
松花江区	Songhua River	459.8	297.7	157.5	4.6	459.8	378.4	26.9	28.5	25.9
辽河区	Liaohe River	187.0	89.2	90.3	7.5	187.0	124.8	19.3	31.7	11.2
海河区	Haihe River	365.8	208.7	128.1	28.9	365.8	176.1	40.7	70.4	78.5
黄河区	Yellow River	389.3	265.5	104.6	19.2	389.3	256.8	45.3	55.4	31.8
淮河区	Huaihe River	580.8	428.1	127.9	24.7	580.8	367.0	71.7	100.1	42.0
长江区	Yangtze River	2072.5	2003.7	39.9	28.9	2072.5	1030.9	633.0	345.1	63.5
其中：太湖流域	Among Which: Taihu Lake	342.3	335.1	0.1	7.2	342.3	63.6	213.5	61.6	3.6
东南诸河区	Southeast Rivers	296.6	286.7	3.3	6.6	296.6	145.8	62.2	68.9	19.6
珠江区	Pearl River	790.5	760.8	19.5	10.1	790.5	473.7	127.5	172.9	16.3
西南诸河区	Southwest Rivers	108.6	103.7	3.8	1.2	108.6	86.8	6.4	13.3	2.0
西北诸河区	Northwest Rivers	669.3	484.0	178.7	6.6	669.3	603.9	16.5	22.9	26.0

4-4 历年解决农村人口和牲畜饮水情况
Drinking Water for Rural Population and Livestock by Year

年份 Year	累计解决的数量 Accumulated Number			饮水安全 总人口		新增饮水安全 达标人口
	人数 /万人 Population /10⁴persons	#新解决 Population with Safe Drinking Water	牲畜 /万头 Livestock /10⁴head	/万人 Total Population with Safe Drinking Water /10⁴persons	#只达到基本 安全人口 Population with Fairly Safe Drinking Water	/万人 Newly-increased Population with Safe Drinking Water /10⁴persons
1977	3431		1701			
1978	3796		1995			
1979	4005		2096			
1980	5294		3092			
1981	5792		3390			
1982	6382		3597			
1983	6660		3991			
1984	7673		4319			
1985	8467		4609			
1986	9390		5576			
1987	10571		6213			
1988	11487		6756			
1989	12314		7303			
1990	13278		7906			
1991	14024		8355			
1992	15148		8917			
1993	15907		9377			
1994	16499		9793			
1995	17353		10360			
1996	18353		10654			
1997	19611		12220			
1998	20886		13357			
1999	21674		14557			
2000	22520		14698			
2001	23813		15509			
2002	26373		17131			
2003	28189		18214			
2004	29662	1473	19094			
2005	30355	701		61836		1104
2006				55939		2945
2007				58339	27659	4468
2008				62329	28287	5378
2009				62721	25149	7295
2010				67070	26082	6717
2011				70305	25563	6397
2012				74942	24715	7294
2013				80650		5696
2014				86230		5581
2015				92939		6709

供用水

4-5 2021年主要用水指标（按水资源分区分）

Key Indicators for Water Utilization in 2021 (by Water Resources Sub-region)

水资源 一级区	Grade-I Water Resources Sub-region	人均 综合 用水量 /立方米 Comprehensive Water Use Per Capita /m³	万元国内生产总值 用水量 /立方米 Water Consumption Per 10,000 Yuan of GDP /m³	耕地实际 灌溉 亩均用水量 /立方米 Water Use Per mu of Irrigated Farmland /m³	人均生活用 水量 /（升每天） Domestic Water Use Per Capita /(L/d)	城乡居民 人均生活 用水量/（升 每天） Urban and Rural Residents Water Use Per Capita /(L/d)	万元工业 增加值 用水量 /立方米 Water Consumption Per 10,000 Yuan of Added Industrial Production Value /m³
合 计	Total	419	51.8	355	176	124	28.2
松花江区	Songhua River	848	166.4	441	144	110	36.9
辽河区	Liaohe River	344	56.0	204	160	111	17.9
海河区	Haihe River	243	30.2	167	128	94	11.8
黄河区	Yellow River	318	44.6	282	124	89	13.9
淮河区	Huaihe River	283	38.0	204	134	101	14.4
长江区	Yangtze River	442	50.1	406	202	136	48.1
其中：太湖流域	Among Which: Taihu Lake	505	30.5	402	249	151	55.3
东南诸河区	Southeast Rivers	327	29.4	430	208	137	16.5
珠江区	Pearl River	380	46.9	678	227	160	22.9
西南诸河区	Southwest Rivers	511	101.4	407	172	117	35.2
西北诸河区	Northwest Rivers	1934	310.0	518	182	148	24.1

注 1. 万元国内生产总值用水量和万元工业增加值用水量指标按当年价格计算。

　　2. 本表计算中所使用的人口数字为年平均人口数。

　　3. 本表中"人均生活用水量"包括居民生活用水和公共用水（含第三产业及建筑业等用水），"城乡居民"仅包括居民生活用水。

Notes　1. Water consumptions per 10,000 yuan of GDP and added industrial output value are based on the prices in 2021.

　　2. The population used for calculation of this table is the yearly average.

　　3. In the column of "Domestic Water Use Per Capita", "urban" includes water use of household and water use for public purposes (including water use of tertiary and construction industries), and "household" refers to water use for indoor household purpose only.

4-6 2021 年主要用水指标（按地区分）

Key Indicators for Water Utilization in 2021 (by Region)

地区	Region	人均综合用水量/立方米 Comprehensive Water Use Per Capita /m³	万元国内生产总值用水量/立方米 Water Consumption Per 10,000 Yuan of GDP/m³	耕地实际灌溉亩均用水量/立方米 Water Use Per mu of Irrigated Farmland /m³	农田灌溉水有效利用系数 Coefficient of Effective Utilization of Farmland Irrigation Water	人均生活用水量/升每天 Domestic Water Use Per Capita /(L/d)	城乡居民人均生活用水量/升每天 Urban and Rural Residents Water Use Per Capita /(L/d)	万元工业增加值用水量/立方米 Water Consumption Per 10,000 Yuan of Added Industrial Production Value/m³
合 计	**Total**	**419**	**51.8**	**355**	**0.568**	**176**	**124**	**28.2**
北 京	Beijing	186	10.1	120	0.751	243	144	5.2
天 津	Tianjin	234	20.6	227	0.721	138	93	9.1
河 北	Hebei	244	45.0	165	0.676	102	83	12.5
山 西	Shanxi	208	32.2	175	0.556	118	90	12.1
内蒙古	Inner Mongolia	798	93.4	241	0.568	133	93	16.9
辽 宁	Liaoning	304	46.8	376	0.592	172	118	17.7
吉 林	Jilin	458	83.3	300	0.603	149	109	23.9
黑龙江	Heilongjiang	1028	218.1	427	0.610	138	109	48.6
上 海	Shanghai	425	24.5	493	0.739	271	154	60.5
江 苏	Jiangsu	668	48.8	395	0.618	213	139	56.1
浙 江	Zhejiang	256	22.6	325	0.606	213	134	13.3
安 徽	Anhui	445	63.2	233	0.558	164	125	62.7
福 建	Fujian	438	37.4	608	0.561	213	141	19.9
江 西	Jiangxi	552	84.2	611	0.520	174	130	45.2
山 东	Shandong	207	25.3	146	0.647	109	83	12.0
河 南	Henan	225	37.9	148	0.620	125	95	14.9
湖 北	Hubei	579	67.2	354	0.533	245	145	54.5
湖 南	Hunan	486	70.0	468	0.547	200	141	43.9
广 东	Guangdong	322	32.7	711	0.524	256	171	17.3
广 西	Guangxi	534	108.5	769	0.515	197	153	60.2
海 南	Hainan	444	69.5	881	0.574	229	164	22.4
重 庆	Chongqing	225	25.9	316	0.507	192	140	24.5
四 川	Sichuan	292	45.4	359	0.490	186	140	14.1
贵 州	Guizhou	270	53.1	371	0.491	142	108	37.4
云 南	Yunnan	341	59.1	345	0.502	160	116	23.9
西 藏	Tibet	887	155.6	517	0.454	265	117	59.3
陕 西	Shaanxi	232	30.8	256	0.582	141	100	9.7
甘 肃	Gansu	441	107.5	404	0.574	107	84	22.8
青 海	Qinghai	414	73.3	447	0.503	133	91	26.2
宁 夏	Ningxia	942	150.6	577	0.561	139	83	25.3
新 疆	Xinjiang	2219	359.1	545	0.575	198	167	23.9

注 1. 万元国内生产总值用水量和万元工业增加值用水量指标按当年价格计算。
2. 本表计算中所使用的人口数字为年平均人口数。
3. 本表中"人均生活用水量"包括居民生活用水和公共用水（含第三产业及建筑业等用水），"城乡居民"仅包括居民生活用水。

Notes 1. Water consumptions per 10,000 yuan of GDP and added industrial output value are based on the prices in 2021.
2. The population used for calculation of this table is the yearly average.
3. In the column of "Domestic Water Use Per Capita", "urban" includes water use of household and water use for public purposes (including water use of tertiary and construction industries), and "household" refers to water use for indoor household purpose only.

主要统计指标解释

供水量　各种水源为用水户提供的包括输水损失在内的毛水量。

用水量　各类用水户取用的包括输水损失在内的毛水量，又称取水量。

累计解决农村饮水困难人口（或牲畜）　截至报告期，通过修建水利设施，解决了水源问题、改良了水质，而改善、解决饮水困难的农村人口（或牲畜）的数量。

农村饮水安全标准　农村饮水安全评价分安全和基本安全 2 个档次，由水质、水量、用水方便程度和供水保证率 4 项指标组成，4 项指标全部达标才能评价为安全；4 项指标中全部基本达标或基本达标以上才能评价为基本安全，只要有一项未达标或未基本达标，就不能评价为安全或基本安全。水量：对于年均降水量不低于800mm 且年人均水资源量不低于 1000m³ 的地区，水量不低于 60L/（人·天）为达标，水量不低于 35L/（人·天）为基本达标；其他地区水量不低于 40L/（人·天）为达标，水量不低于 20L/（人·天）为基本达标。水质：千吨万人供水工程的用水户，水质符合《生活饮用水卫生标准》（GB 5749—2006）的规定；千吨万人以下集中供水工程及分散供水工程的用水户，水质符合标准中宽限规定为达标。对于当地人群肠道传染病发病趋势保持平稳、没有突发的地区，在不评价菌落总数和消毒剂指标的情况下，千吨万人供水工程的用水户，水质符合标准规定；千吨万人以下集中供水工程的用水户，水质符合标准中

农村供水水质宽限规定；分散供水工程的用水户，饮用水中无肉眼可见杂质、无异色异味、用水户长期饮用无不良反应为基本达标。用水方便程度：供水入户（含小区或院子）或具备入户条件；人力取水往返时间不超过10min，或取水水平距离不超过 400m、垂直距离不超过 40m 为达标。人力取水往返时间不超过 20min，或取水水平距离不超过 800m、垂直距离不超过 80m 为基本达标。牧区，可用简易交通工具取水往返时间进行评价。供水保证率：不低于 95% 为达标，不低于 90% 为基本达标。

农村饮水安全总人口　满足农村饮水基本安全或以上的县（市、区）（不含县城城区）的乡镇、村庄、学校等居民及分散住户总人口。

生活用水　包括城乡居民家庭生活用水和城乡公共设施用水（含第三产业及建筑业等用水）。

工业用水　指工矿企业用于生产活动的水量，包括主要生产用水、辅助生产用水（如机修、运输、空压站等）和附属生产用水（如绿化、办公室、浴室、食堂、厕所、保健站等），按新水取用量计，不包括企业内部的重复利用水量。

农业用水　包括耕地和林地、园地、牧草地灌溉用水，鱼塘补水及牲畜用水。

人工生态环境补水　仅包括人为措施供给的城镇环境用水和部分河湖、湿地补水，而不包括降水、径流自然满足的水量。

Explanatory Notes of Main Statistical Indicators

Water supply Gross amount of water provided by all kinds of water sources, including loss during transportation.

Water use Gross amount of water used by all kinds of users, including loss during transportation.

Accumulated rural population (or livestock) with drinking water Population or number of livestock that are able to access drinking water by means of construction of water facilities, finding of water sources and improvement of water quality until the statistical date of this report.

Standard on safe drinking water in rural areas The index system for evaluating safety of drinking water in rural areas uses two criteria of safe and fairly safe, and is formed by four indicators of water quantity, water quality, convenience to access water and guarantee rate. If one of the four indicators fails to meet these requirements, it cannot be deemed as safe or fairly safe. In terms of water quantity, safe means one person can have no less than 60 L of water per day in the region with average precipitation above 800 mm and water resource per capita higher than 1,000 m^3. Fairly safe means one person can have no less than 35 L water per day. For other areas, safe means one person can have no less than 40 L of water per day, while fairly safe means one person can have no less than 20 L water per day. In terms of water quality, safe means water quality can meet the *National Sanitary Standards for Drinking Water* (GB 5749-2006) if water is provided by water utilities with a capacity of above 1,000 tons or 10,000 users; or water quality complies with the standard grace provisions stipulated in the standards, if water is provided by water utilities with a capacity of below 1,000 tons or 10,000 users or decentralized water supply utilities. Fairly safe means water complies with the standards of low incidence of intestinal infectious diseases or no disease outbreak, if it is provided by water utilities with a capacity of above 1,000 tons or 10,000 users, without evaluating the total number of colonies and disinfectant indicator; or water complies with the grace provisions stipulated in the standards, if it is provided by water utilities with a capacity of below 1,000

tons or 10,000 users; or water has no visible impurities and odor without causing adverse reaction if it is provided by decentralized water supply utilities. In terms of convenience to access water, safe means tap water is provided to households (including residential areas or courtyards) or can be connected to household; people can get water within 10 minutes or water can be taken within 400 m horizontally and 40 m vertically. Fairly safe means people can get water within 20 minutes, or water can be taken within 800 m horizontally and 80 m vertically. In terms of guarantee rate, safe means the guarantee rate of water supply should be higher than 95%. Fairly safe means the guarantee of water supply should be higher than 90%.

Total population in rural areas with safe drinking water Total population of townships, villages and schools or scattered households in counties (city and districts) where drinking water quality can meet safe or fairly safe standards.

Domestic water use Includes water consumption of urban and rural resident households and public facilities (including third industry and construction industry).

Industrial water use Refers to the amount of water used for production activities of industrial and mining enterprises, including consumption of production and auxiliary production (such as maintenance of machinery and equipment, transportation air compression station and so on), as well as auxiliary production (such as greening, office, bathroom, dining hall, toilet, health care station and so on), which is calculated as new water abstraction and excluded from the amount of repetitive use within the enterprises.

Agricultural water use Includes water consumption of cultivated farmland, green field and grazing land, as well as water replenishing to fish pond and animal and livestock water use.

Artificial water recharge to eco-environment Includes water use of cities and towns for environment with artificial measures and water supplement to some river, lakes and wetlands, but not includes the amount of water from precipitation and natural runoff.

5 水土保持

Soil and Water Conservation

简 要 说 明

　　水土保持统计资料主要包括水土流失治理面积及其分类治理面积等，按年度、水资源一级区和地区进行分组。

　　1. 小流域治理统计范围是指列入县级以上（含县级）治理规划，并进行重点治理的流域面积在 5 平方千米以上的小流域。

　　2. 水土流失治理面积历史资料汇总 1973 年至今的数据；新增水土流失治理面积历史资料汇总 1989 年至今的数据。

　　3. 水土流失治理面积已与2011年水利普查数据进行了衔接。

Brief Introduction

　　Statistical data of soil and water conservation mainly includes recovered area from erosion and types of measures for erosion control. The data is grouped in accordance with year, Grade-I water resources region and region.

　　1. The scope of statistics for small watershed under control covers those listed in the plan at and above the county level, and drainage area of small watershed that has an area of more than 5 km^2.

　　2. Historical data of recovered area is collected from 1973 until present, and historical data of newly-increased recovered area is from 1989 until present.

　　3. The data of recovered area from erosion is integrated with the First National Census for Water of 2011.

5-1 水土流失面积

Soil Erosion Area

单位：平方千米 unit: km²

地 区	Region	水力侵蚀面积 Water Erosion Area	风力侵蚀面积 Wind Erosion Area	水土流失面积 Soil Erosion Area
合 计	**Total**	**1105819**	**1568396**	**2674215**
北 京	Beijing	1995		1995
天 津	Tianjin	190		190
河 北	Hebei	35926	4389	40315
山 西	Shanxi	57963	28	57991
内蒙古	Inner Mongolia	80306	497328	577634
辽 宁	Liaoning	34651	803	35454
吉 林	Jilin	28794	11735	40529
黑龙江	Heilongjiang	65159	7992	73151
上 海	Shanghai	39		39
江 苏	Jiangsu	2200		2200
浙 江	Zhejiang	7307		7307
安 徽	Anhui	11874		11874
福 建	Fujian	9053		9053
江 西	Jiangxi	23326		23326
山 东	Shandong	22525	717	23242
河 南	Henan	19397	1283	20680
湖 北	Hubei	31091		31091
湖 南	Hunan	29479		29479
广 东	Guangdong	17370		17370
广 西	Guangxi	37969		37969
海 南	Hainan	1675		1675
重 庆	Chongqing	24753		24753
四 川	Sichuan	104605	3506	108111
贵 州	Guizhou	46398		46398
云 南	Yunnan	99286		99286
西 藏	Tibet	58142	35509	93651
陕 西	Shaanxi	61707	1816	63523
甘 肃	Gansu	63363	119709	183072
青 海	Qinghai	36683	124382	161065
宁 夏	Ningxia	10569	4966	15535
新 疆	Xinjiang	82024	754233	836257

注 本数据来源于2021年度全国水土流失动态监测成果。

Note The data is sourced from national database of dynamic monitoring of soil erosion in 2021.

5-2 历年水土流失治理面积

Recovered Area from Soil Erosion by Year

单位：千公顷   unit: 10³ha

年份 Year	水土流失治理 面积 Recovered Area	#水平梯田 Leveled Terraced Field	坝地 Gully Dammed Field	水保林 Water Conservation Forest
1976	42007	7383	942	
1977	42441	7161	929	20924
1978	40435	7239	891	
1979	40606	6461	931	21273
1980	41152	6539	895	21679
1981	41647	6427	878	21647
1982	41412	6367	924	22367
1983	42405	6457	922	22829
1984	44623	7062	1050	24570
1985	46393	6982	1275	25648
1986	47909	7436	1269	26923
1987	49528	7755	1579	27889
1988	51349	7952	1438	29461
1989	52154	8209	1495	30490
1990	52971	7623	1563	31660
1991	55838	8072	1893	33381
1992	58635			

年份 Year	水土流失 治理面积 Recovered Area	#小流域 治理面积 Recovered Area of Small Watershed	水土流失 治理面积 新增合计 Total Newly-increased Recovered Area	水平梯田 Leveled Terraced Field	坝地 Gully Dammed Field	水保林 Water Conservation Forest	种草 Planted Grassland	其他 Others	水土流失 治理面积 减少 Reduction of Recovered Area
1993	61253								
1994	64080								
1995	66855								
1996	69321								
1997	72242								
1998	75022								
1999	77828								

5-2 续表 continued

年份 Year	水土流失治理面积 Recoverd Area	#小流域治理面积 Recoverd Area of Small Watershed	水土流失治理面积 新增合计 Total Newly-increased Recovered Area	水平梯田 Leveled Terraced Field	坝地 Gully Dammed Field	水保林 Water Conservation Forest	种草 Planted Grassland	其他 Others	水土流失治理面积 减少 Reduction of Recovered Area
2000	80961	28473	4728						1595
2001	81539	30385	4888						4309
2002	85410	34255	5056						1186
2003	89714	35628	5538						1234
2004	92004	36040	4445						2156
2005	94654	37059	4198						1102
2006	97491	37915	3969						1543
2007	99871	38731	3916	311	58	1497	537	1513	1471
2008	101587	39189	3867	275	41	1474	492	1584	2666
2009	104545	41139	4318	412	38	1647	470	1751	1373
2010	106800	41602	4015	401	42	1500	409	1663	1737
2011	109664	41425	4008	437	46	1565	388	1572	1306
2012	102953	41131	4372	524	27	1564	406	1851	1452

年份 Year	水土流失治理面积 Recovered Area	#小流域治理面积 Recovered Area of Small Watershed	水土流失治理面积 新增合计 Total Newly-increased Recovered Area	基本农田 Prime Farmland 水平梯田 Leveled Terraced Field	基本农田 坝地 Gully Dammed Field	基本农田 其他 Others	水保林 Water Conservation Forest	经济林 Economic Forest	种草 Planted Grassland	封禁治理 Blockading Administration	其他 Others
2013	106892	34248	5271	553	16	157	1411	568	340	1681	544
2014	111609	35813	5497	473	30	126	1507	567	361	1898	532
2015	115578	37883	5385	483	13	93	1408	556	323	1855	652
2016	120412	39738	5620	456	16	103	1690	643	423	1559	731
2017	125839	40847	5899	418	8		1521	628	426	1922	975
2018	131532	42204	6436	365	8		1627	718	421	2116	1182
2019	137325	43277	6685	329	5		1675	743	346	2286	1300
2020	143122	44423	6431	374	2		1411	639	399	2144	1462
2021	149552	45628	6843	392	4		1345	520	464	2167	1952

5-3 2021年水土流失治理面积（按地区分）

Recovered Area from Soil Erosion in 2021 (by Region)

单位：千公顷   unit: 10³ha

地区	Region	水土流失治理面积 Recovered Area	#小流域治理面积 Recovered Area of Small Watershed	水土流失治理面积新增合计 Total Newly-increased Recovered Area	基本农田 Prime Farmland 水平梯田 Leveled Terraced Field	坝地 Gully Dammed Field	水保林 Water Conservation Forest	经济林 Economic Forest	种草 Planted Grassland	封禁治理 Blockading Administration	其他 Others
合 计	Total	149552.1	45628.3	6843.1	391.8	4.0	1345.4	519.7	464.3	2166.5	1951.7
北 京	Beijing	978.0	978.0	49.3	0.4		0.02	0.15	0.001	48.7	0.03
天 津	Tianjin	104.0	51.3	2.1	0.02					0.01	2.1
河 北	Hebei	6147.0	3199.7	223.9	1.6		74.2	13.8	10.1	102.5	21.7
山 西	Shanxi	7731.9	802.2	381.9	24.0	0.8	169.4	20.0	4.7	114.2	48.7
内蒙古	Inner Mongolia	15959.2	3471.0	798.8	12.5		160.8	3.1	76.6	256.7	289.1
辽 宁	Liaoning	5936.1	2659.1	214.0	5.7		36.9	4.7	10.8	45.4	110.5
吉 林	Jilin	3004.1	235.4	214.0	0.01	0.2	29.7	2.3	0.3	21.9	159.7
黑龙江	Heilongjiang	6269.7	1059.1	524.6	0.4		10.9	0.01	2.1	22.1	489.1
上 海	Shanghai										
江 苏	Jiangsu	959.9	351.9	9.2	0.3		2.3	1.1	1.5	1.17	2.9
浙 江	Zhejiang	3702.6	657.7	42.9	1.1	0.2	3.8	2.3	0.6	28.7	6.3
安 徽	Anhui	2219.0	922.0	62.0	1.8		7.6	1.0	1.8	40.6	9.2
福 建	Fujian	4146.5	853.1	122.5	3.8	0.1	24.2	11.5	2.0	75.3	5.7
江 西	Jiangxi	6333.4	1532.0	138.8	0.02		22.7	17.7	0.4	97.9	
山 东	Shandong	4583.1	1712.5	152.9	29.9		29.4	9.4	5.0	53.5	25.7
河 南	Henan	4141.8	2332.8	134.3	10.2		43.2	11.4	2.2	49.8	17.5
湖 北	Hubei	6568.5	2050.5	181.4	6.3		25.4	13.6	1.1	98.3	36.7
湖 南	Hunan	4244.9	1111.6	186.8	3.8		48.5	41.6	5.0	81.4	6.4
广 东	Guangdong	2034.5	217.1	80.8	0.01		28.4	4.5	1.2	45.5	1.3
广 西	Guangxi	3237.3	782.2	193.3	0.2		36.4	53.3	0.1	90.4	12.9
海 南	Hainan	147.3	87.7	8.0		0.01	1.2	2.8	0.02	1.6	2.4
重 庆	Chongqing	3947.3	1820.3	91.3	6.5		4.4	5.6	0.002	37.6	37.1
四 川	Sichuan	11501.8	5012.4	527.4	40.5	0.8	48.5	49.7	88.9	130.8	168.3
贵 州	Guizhou	7899.9	3435.4	322.9	0.3	0.1	42.6	109.1	12.1	97.4	61.4
云 南	Yunnan	11092.9	2317.4	557.7	48.4		76.2	94.6	31.4	162.2	144.9
西 藏	Tibet	804.2	165.6	92.3	0.01		7.2	2.9	25.9	55.3	1.0
陕 西	Shaanxi	8350.5	3213.8	404.8	45.9		140.7	22.9	5.2	143.6	46.5
甘 肃	Gansu	10829.5	2858.8	729.5	121.0	1.8	175.8	12.4	102.7	97.4	218.5
青 海	Qinghai	1702.2	600.8	94.4	8.9		3.8	0.03	1.0	70.1	10.6
宁 夏	Ningxia	2567.9	833.2	96.4	18.1		34.4	6.3	2.4	32.6	2.6
新 疆	Xinjiang	2407.1	303.8	204.8			56.7	1.9	69.4	64.0	12.8

5-4 2021 年水土流失治理面积（按水资源分区分）

Recovered Area from Soil Erosion in 2021 (by Water Resources Sub-region)

单位：千公顷   unit: 10³ha

水资源一级区 Grade-I Water Resources Sub-region		水土流失治理面积 Recovered Area	#小流域治理面积 Recovered Area of Small Watershed	水土流失治理面积新增合计 Total Newly-increased Recovered Area	基本农田 Prime Farmland		水保林 Water Conservation Forest	经济林 Economic Forest	种草 Planted Grassland	封禁治理 Blockading Administration	其他 Others
					水平梯田 Leveled Terraced Field	坝地 Gully Dammed Field					
合 计	**Total**	**149552.1**	**45628.3**	**6843.1**	**391.8**	**4.0**	**1345.4**	**519.7**	**464.3**	**2166.5**	**1951.7**
松花江区	Songhua River	11925.9	1695.5	880.2	0.5	0.2	57.6	1.3	13.1	60.2	747.3
辽河区	Liaohe River	10273.4	3648.0	428.0	14.5		82.6	8.2	42.6	78.6	201.4
海河区	Haihe River	11517.7	5193.8	426.3	5.5	0.3	148.7	19.8	15.0	195.1	41.9
黄河区	Yellow River	29241.6	8350.4	1558.0	186.8	2.3	490.0	42.4	123.5	439.9	272.9
淮河区	Huaihe River	6654.9	2806.5	198.8	31.3		42.3	16.3	6.2	74.6	28.1
长江区	Yangtze River	49169.9	18254.1	1790.5	111.9	0.8	254.4	256.8	127.0	686.0	353.6
东南诸河区	Southeast Rivers	7704.2	1465.2	164.7	4.9	0.3	27.8	13.8	2.6	104.7	10.6
珠江区	Pearl River	9845.3	2199.6	462.9	4.2	0.1	97.4	104.1	1.8	187.2	68.1
西南诸河区	Southwest Rivers	5858.1	1012.8	368.3	30.7		36.3	53.6	31.7	139.1	77.0
西北诸河区	Northwest Rivers	7361.1	1002.5	565.5	1.5		108.0	3.3	100.8	201.2	150.7

5-5 2021年水土流失治理面积（按水资源分区和地区分）

Recovered Area from Soil Erosion in 2021 (by Water Resources Sub-region and Region)

单位：千公顷   unit: 10³ha

地区 Region		水土流失治理面积 Recovered Area	#小流域治理面积 Recovered Area of Small Watershed	水土流失治理面积新增合计 Total Newly-increased Recovered Area	基本农田 Prime Farmland		水保林 Water Conservation Forest	经济林 Economic Forest	种草 Planted Grassland	封禁治理 Blockading Administration	其他 Others
					水平梯田 Leveled Terraced Field	坝地 Gully Dammed Field					
松花江区	**Songhua River**	**11925.9**	**1695.5**	**880.2**	**0.5**	**0.2**	**57.6**	**1.3**	**13.1**	**60.2**	**747.3**
内蒙古	Inner Mongolia	2955.2	410.6	166.4	0.1		18.0	0.5	11.0	19.0	117.8
吉 林	Jilin	2701.0	225.8	189.2	0.01	0.2	28.8	0.8	0.004	19.0	140.4
黑龙江	Heilongjiang	6269.7	1059.1	524.6	0.4		10.9	0.01	2.1	22.1	489.1
辽河区	**Liaohe River**	**10273.4**	**3648.0**	**428.0**	**14.5**		**82.6**	**8.2**	**42.6**	**78.6**	**201.4**
内蒙古	Inner Mongolia	4188.2	1008.2	189.1	8.8		44.8	2.0	31.4	30.3	71.8
辽 宁	Liaoning	5782.1	2630.2	214.0	5.7		36.9	4.7	10.8	45.4	110.5
吉 林	Jilin	303.1	9.6	24.8			0.9	1.5	0.3	2.9	19.2
海河区	**Haihe River**	**11517.7**	**5193.8**	**426.3**	**5.5**	**0.3**	**148.7**	**19.8**	**15.0**	**195.1**	**41.9**
北 京	Beijing	978.0	978.0	49.3	0.4		0.02	0.15	0.001	48.7	0.01
天 津	Tianjin	104.0	51.3	2.1	0.02					0.01	2.1
河 北	Hebei	6147.0	3199.7	223.9	1.6		74.2	13.8	10.1	102.5	21.7
山 西	Shanxi	2794.1	377.9	116.3	2.4	0.3	58.5	4.6	0.6	37.2	12.8
内蒙古	Inner Mongolia	548.5	282.4	14.4			7.9		3.6	3.0	
辽 宁	Liaoning	154.0	28.9								
山 东	Shandong	391.0	50.7	8.8			3.1	0.5	0.27		4.9
河 南	Henan	401.2	224.9	11.5	1.1		5.1	0.8	0.4	3.9	0.3
黄河区	**Yellow River**	**29241.6**	**8350.4**	**1558.0**	**186.8**	**2.3**	**490.0**	**42.4**	**123.5**	**439.9**	**272.9**
山 西	Shanxi	4937.9	424.2	265.6	21.6	0.6	111.0	15.4	4.1	77.0	35.9
内蒙古	Inner Mongolia	5678.3	1138.2	253.9	2.1		73.1	0.5	21.9	98.4	57.9
山 东	Shandong	392.1	205.8	11.7	3.5		2.0	0.3	0.04	4.2	1.7
河 南	Henan	1188.2	593.1	50.9	3.4		16.1	3.7	1.6	19.1	7.1
四 川	Sichuan	135.6	24.3	24.6					12.0	12.6	
陕 西	Shaanxi	5657.4	2039.7	287.9	35.2		121.3	8.1	5.2	77.7	40.5
甘 肃	Gansu	7305.0	2528.3	476.7	94.0	1.8	128.5	8.1	75.4	51.3	117.7
青 海	Qinghai	1379.3	563.5	90.2	8.9		3.7	0.03	1.0	67.1	9.6
宁 夏	Ningxia	2567.9	833.2	96.4	18.1		34.4	6.3	2.4	32.6	2.6
淮河区	**Huaihe River**	**6654.9**	**2806.5**	**198.8**	**31.3**		**42.3**	**16.3**	**6.2**	**74.6**	**28.1**
江 苏	Jiangsu	506.8	161.2	6.0	0.01		2.2	1.1	1.2	0.1	1.4
安 徽	Anhui	567.1	192.6	8.9	0.4		0.3	0.1		7.2	1.0
山 东	Shandong	3800.0	1456.0	132.4	26.4		24.3	8.6	4.6	49.3	19.1
河 南	Henan	1781.0	996.7	51.6	4.5		15.6	6.5	0.3	18.0	6.6

5-5 续表 continued

地区	Region	水土流失治理面积 Recovered Area	#小流域治理面积 Recovered Area of Small Watershed	水土流失治理面积新增合计 Total Newly-increased Recovered Area	基本农田 Prime Farmland		水保林 Water Conservation Forest	经济林 Economic Forest	种草 Planted Grassland	封禁治理 Blockading Administration	其他 Others
					水平梯田 Leveled Terraced Field	坝地 Gully Dammed Field					
长江区	**Yangtze River**	**49169.9**	**18254.1**	**1790.5**	**111.9**	**0.8**	**254.4**	**256.8**	**127.0**	**686.0**	**353.6**
上 海	Shanghai										
江 苏	Jiangsu	453.1	190.8	3.2	0.2		0.1	0.001	0.2	1.1	1.5
浙 江	Zhejiang	186.7	51.2	2.7	0.02		0.2	0.05		1.1	1.4
安 徽	Anhui	1610.1	723.9	51.2	1.4		7.3	0.8	1.8	31.6	8.2
江 西	Jiangxi	6333.4	1532.0	138.8	0.02		22.7	17.7	0.4	97.9	
河 南	Henan	771.4	518.1	20.4	1.2		6.5	0.4		8.8	3.5
湖 北	Hubei	6568.5	2050.5	181.4	6.3		25.4	13.6	1.1	98.3	36.7
湖 南	Hunan	4185.2	1107.5	183.2	3.7		47.6	40.5	4.9	80.1	6.4
广 西	Guangxi	123.3	68.8	5.8						5.8	
重 庆	Chongqing	3947.3	1820.3	91.3	6.5		4.4	5.6	0.002	37.6	37.1
四 川	Sichuan	11366.2	4988.1	502.8	40.5	0.8	48.5	49.7	76.9	118.2	168.3
贵 州	Guizhou	5313.6	2524.9	234.4	0.3		34.1	81.0	12.0	63.4	43.6
云 南	Yunnan	4082.4	1197.7	185.7	13.9		25.2	29.5	24.5	57.5	35.2
西 藏	Tibet	53.2	5.5	1.5			0.002	0.001	0.8	0.7	0.004
陕 西	Shaanxi	2693.1	1174.1	116.9	10.7		19.4	14.8	0.002	65.9	6.0
甘 肃	Gansu	1369.3	285.0	67.0	27.0		13.0	3.0	4.4	14.9	4.7
青 海	Qinghai	113.2	15.7	4.2			0.2			3.0	1.0
东南诸河区	**Southeast Rivers**	**7704.2**	**1465.2**	**164.7**	**4.9**	**0.3**	**27.8**	**13.8**	**2.6**	**104.7**	**10.6**
浙 江	Zhejiang	3515.9	606.5	40.2	1.1	0.2	3.7	2.3	0.6	27.6	4.9
安 徽	Anhui	41.8	5.5	1.9				0.1		1.82	
福 建	Fujian	4146.5	853.1	122.5	3.8	0.1	24.2	11.5	2.0	75.3	5.7
珠江区	**Pearl River**	**9845.3**	**2199.6**	**462.9**	**4.2**	**0.1**	**97.4**	**104.1**	**1.8**	**187.2**	**68.1**
湖 南	Hunan	59.8	4.1	3.6	0.1		1.0	1.1	0.1	1.3	0.02
广 东	Guangdong	2034.5	217.1	80.8	0.01		28.4	4.5	1.2	45.5	1.3
广 西	Guangxi	3114.0	713.4	187.6	0.2		36.4	53.3	0.1	84.6	12.9
海 南	Hainan	147.3	87.7	8.0		0.01	1.2	2.8	0.02	1.6	2.4
贵 州	Guizhou	2586.2	910.5	88.4		0.1	8.5	28.1	0.1	34.0	17.8
云 南	Yunnan	1903.4	266.9	94.4	3.9		21.9	14.5	0.3	20.2	33.7
西南诸河区	**Southwest Rivers**	**5858.1**	**1012.8**	**368.3**	**30.7**		**36.3**	**53.6**	**31.7**	**139.1**	**77.0**
云 南	Yunnan	5107.1	852.8	277.6	30.7		29.1	50.7	6.6	84.5	76.0
西 藏	Tibet	751.0	160.0	90.7	0.01		7.2	2.9	25.1	54.5	1.0
青 海	Qinghai										
西北诸河区	**Northwest Rivers**	**7361.1**	**1002.5**	**565.5**	**1.5**		**108.0**	**3.3**	**100.8**	**201.2**	**150.7**
内蒙古	Inner Mongolia	2589.1	631.7	174.9	1.5		17.1	0.1	8.6	106.1	41.7
甘 肃	Gansu	2155.2	45.4	185.8			34.3	1.3	22.9	31.1	96.2
青 海	Qinghai	209.8	21.6								
新 疆	Xinjiang	2407.1	303.8	204.8			56.7	1.9	69.4	64.0	12.8

5-6　历年开发建设项目水土保持方案

Number of Soil and Water Conservation Plan in Development and Construction Project by Year

年份 Year	水土保持方案审批数量 /项 Approved Soil and Water Conservation Plan /unit	水土保持方案总投资 /万元 Total Investment of Soil and Water Conservation Plan /10⁴ yuan	减少新增人为水土流失面积 /千公顷 Reduction of Newly-increased Human-induced Eroded Area /10³ ha	减少土壤流失量 /万吨 Reduction of Soil Loss /10⁴ t	水土保持设施验收数量 /个 Accepted Soil Conservation Facilities /unit
2006	26783	2882328	784	192992	5023
2007	21720	3518973	899	121317	4332
2008①	27389	3505679	789	117368	5648
2009①	22194	5645749	1609		
2010	24832	10102652	1304	113742	5205
2011	26296	14948872	1103		4842
2012	27858	14290605	1409	16438	5568
2013	30506	16280210	1250		6432
2014	30319		928		5646
2015	28809	14900062	3455	1816583	5739
2016	29157		1159		6744
2017	32257		1099		7632
2018	37866		1059		8995
2019	55923		2078		13627
2020	85781		2712		22205
2021	111873		2435		47667

① 2008 年、2009 年数据未统计上海地区。
① The data of Shanghai is not included in 2008 and 2009.

5-7　2021 年全国生产建设项目水土保持方案（按地区分）

Number of Soil and Water Conservation Plan in Development and Construction Project in 2021 (by Region)

地区 Region		水土保持方案 审批数量 /个 Approved Soil and Water Conservation Plan /unit	减少新增人为 水土流失面积 /公顷 Reduction of Newly-increased Human-induced Eroded Area /ha	水土保持设施 验收报备数量 /个 Accepted Soil Conservation Facilities /unit
合　计	Total	111873	2434661	47667
水利部	Ministry of Water Resources of People's Republic of China	64	76085	120
北　京	Beijing	945	24539	983
天　津	Tianjin	905	14576	599
河　北	Hebei	3786	80595	1169
山　西	Shanxi	3127	40356	1206
内蒙古	Inner Mongolia	3202	71308	1261
辽　宁	Liaoning	2401	40290	577
吉　林	Jilin	1729	44779	194
黑龙江	Heilongjiang	1121	14587	143
上　海	Shanghai	1837	13081	460
江　苏	Jiangsu	6236	67737	1409
浙　江	Zhejiang	4337	49984	2357
安　徽	Anhui	5098	73026	1013
福　建	Fujian	2853	31139	998
江　西	Jiangxi	5402	155621	1641
山　东	Shandong	8159	151810	8594
河　南	Henan	3612	73535	498
湖　北	Hubei	4430	127908	683
湖　南	Hunan	4233	37708	1080
广　东	Guangdong	6299	95242	5283
广　西	Guangxi	4120	61824	1038
海　南	Hainan	1296	40469	436
重　庆	Chongqing	2273	58021	2039
四　川	Sichuan	9228	125291	4233
贵　州	Guizhou	4782	99910	2248
云　南	Yunnan	3996	61303	2124
西　藏	Tibet	1431	50554	298
陕　西	Shaanxi	2922	44639	1226
甘　肃	Gansu	2825	263945	1136
青　海	Qinghai	919	36420	505
宁　夏	Ningxia	1505	37760	647
新　疆	Xinjiang	6800	270619	1469

主要统计指标解释

水土流失　指在水力、风力、重力及冻融等自然营力和人类活动作用下，水土资源和土地生产力的破坏和损失。土壤侵蚀强度为轻度和轻度以上的土地面积称水土流失面积。

水土流失治理面积（又称水土保持面积）　指在山丘地区水土流失面积上，按照综合治理的原则，采取各种治理措施，如水平梯土（田）、淤地坝、谷坊、造林种草、封山育林育草等治理的水土流失面积总和。

水平梯田　指在坡地上沿等高线修建的、断面呈阶梯状的田块。（注：在我国南方，旱作梯田称梯地或梯土，种植水稻的称梯田。）

坝地　在沟道拦蓄工程上游因泥沙淤积形成的地面较平整的可耕作土地。

水保林　以防治水土流失为主要功能的人工林和天然林。根据其功能的不同，可分为坡面防护林、沟头防护林、沟底防护林、塬边防护林、护岸林、水库防护林、防风固沙林、海岸防护林等。

种草　在水土流失地区，为蓄水保土，改良土壤，发展畜牧，美化环境，促进畜牧业发展而进行的草本植物培育活动。

小流域治理面积　指以小流域为单元，根据流域内的自然条件，按照土壤侵蚀类型的特点和农业区划方向，在全面规划的基础上，合理安排农、林、牧、副各业用地，布置水土保持农业技术措施，林草措施与工程措施，相互协调、相互促进形成综合的水土流失防治体系。凡列入县级以上治理规划，并进行重点治理的，流域面积大于 5 平方千米小于 50 平方千米的小流域治理面积均进行统计。

Explanatory Notes of Main Statistical Indicators

Soil erosion   Damage or losses to water and land resources and its productivity under the action of natural force and human activities, such as hydraulic, wind, gravity and freeze thawing factors. The area of soil erosion refers to the land suffers from slight soil erosion intensity or above.

Recovered area from soil erosion (also named soil and water conservation area)   Total area recovered from erosion in mountainous or hilly areas, with comprehensive control measures, including terraced fields, silt retention dam, check dam, reforestation, grass plantation, ban of wood cutting and grazing, under the principle of integrated management.

Leveled terraced field   Cultivated land with a cascade section built along the contour lines on slope land. (Note: In southern part of China, dry terraces are called land terraces or earth terraces, and paddy terraces are called terraced fields.)

Gully dammed field   Relatively leveled cultivated land created by upstream silt arrested by silt retention dam in the gully.

Water conservation forest   It refers to artificial and nature forests mainly for control of soil and water loss. According to its functions, it is grouped into protection forests for slope, gully head, gully bottom, plateau edge, bank, reservoir, wind and sand and sea coast.

Planted grassland   Activities of planting and cultivating grass in eroded area, for the purposes of conserving soil and water, soil improvement, pasture development, environment beatification and conservation in animal husbandry.

Improved area of small watershed   It refers to the area covered by a comprehensive erosion control system that integrates agricultural technology, forest-grass and structural measures, and makes an appropriate arrangement of land use for agricultural, forestry, husbandry and agricultural by-product production, by taking small watershed as an unit and based on natural condition, type and feature of soil erosion, agricultural zoning, under the guidance of overall planning. If a watershed is in the list of management plan at and above the county level as major project, all of the area larger than 5 km^2 and smaller than 50 km^2 should be included in the statistics.

6 水利建设投资

Investments in Water Project Construction

简 要 说 明

水利建设投资统计资料主要包括水利固定资产投资、项目、完成、工程量情况以及工程能力和效益等。

本部分资料主要按地区分组。历史资料汇总 1950 年至今的数据。以前年度数据可查阅《中国水利统计年鉴 2011》。

由于水利建设投资统计报表制度调整，2016 年地方政府分来源统计数据有变化。

Brief Introduction

Statistical data of investments in water project construction mainly includes investment of fixed assets, number of projects, completion of investment, completed civil works, capacity and benefits of projects etc.

The data is divided into groups based on river basin and region. Historical data is collected from 1950 until present. You can refer *China Water Statistical Yearbook 2011*.

Due to adjustment of statistical system for investment in water project construction, the sources of data of local government funding for water project construction of 2016 were also adjusted accordingly.

6-1 主 要 指 标

Key Indicators

单位：亿元

指标名称	Item	2005	2006	2007	2008	2009
中央水利建设计划投资	Investment Plan of Central Government in Water Projects	271.6	298.7	308.8	625.4	637.0
水利建设投资完成额	Completed Investment for Water Project Construction	746.8	793.8	944.9	1088.2	1894.0
按投资来源分：	Divided by Sources:					
（1）国家预算内拨款	National Budget Allocation	133.1	193.2	270.0	390.4	
（2）国家预算内专项	Special Funds from National Budget	179.4	184.7	195.7	160.5	
（3）国内贷款	Domestic Loan	94.2	80.7	83.4	96.9	
（4）利用外资	Foreign Investment	19.3	14.3	9.5	10.5	
（5）自筹资金	Self-Raising Funds	242.2	212.3	219.9	235.4	
（6）水利建设基金	Water Project Construction Funds	30.3	36.1	67.8	60.5	
（7）其他投资	Other Investment	48.5	72.5	98.6	134.1	
按投资用途分：	Based on Investment Purposes:					
（1）防洪工程	Flood Control Projects	292.8	288.1	318.5	370.0	674.8
（2）水资源工程	Water Resources Projects	223.1	317.7	405.1	467.8	866.0
（3）水土保持及生态建设	Soil and Water Conservation and Ecological Restoration Projects	39.2	42.2	60.3	76.9	86.7
（4）水电工程	Hydropower Development	65.5	57.3	66.5	77.4	72.0
（5）行业能力建设	Capacity Building	32.7	20.2	8.9	10.6	
（6）其他	Others	93.6	68.3	85.6	85.5	

注　1. 从 2003 年开始，中央水利建设计划投资包括南水北调当年投资。

　　2. 2007 年中央水利建设计划投资不包括当年中央财政转移支付地方水利专项资金 32 亿元和小型农田水利建设中央财政专项补助资金 10 亿元。

　　3. 2008 年中央水利建设计划投资不包括当年小型农田水利建设中央财政专项补助资金 30 亿元。

Notes　1. Investment plans of central government for water project construction since 2003 include those for South-North Water Diversion Project.

　　2. In 2007, investment plans of central government for water project construction exclude 3.2 billion yuan of Central Government funds transferred to special funds of local governments and 1 billion yuan of special funds to small on-farm irrigation and drainage works from the Central Government Finance.

　　3. In 2008, investment plans of central government for water project construction exclude 3 billion yuan of special funds to small on-farm irrigation and drainage works from the Central Government Finance.

6-1 续表 continued

指标名称	Item	2010	2011	2012	2013	2014	2015	2016	2017	2018	2019	2020	2021
中央水利建设计划投资	Investment Plan of Central Government for Water Projects	984.1	1140.7	1623.0	1408.3	1627.1	1685.2	1415.9	1558.6	1554.6	1466.1	1456.2	1482.0
水利建设投资完成额	Completed Investment for Water Project Construction	2319.9	3086.0	3964.2	3757.6	4083.1	5452.2	6099.6	7132.4	6602.6	6711.7	8181.7	7576.0
按投资来源分：	Divided by Sources:												
（1）中央政府投资	Central Government	960.5	1435.4	2033.2	1729.8	1648.5	2231.2	1679.2	1757.1	1752.7	1751.1	1786.9	1708.6
（2）地方政府投资	Local Government	918.8	1223.7	1464.5	1542.0	1862.5	2554.6	2898.2	3578.2	3259.4	3487.9	4847.8	4236.8
（3）国内贷款	Domestic Loan	337.4	270.3	265.6	172.7	299.6	338.6	879.6	925.8	735.9	636.3	614.0	698.9
（4）利用外资	Foreign Investment	1.3	4.4	4.1	8.6	4.3	7.6	7.0	8.0	4.9	5.7	10.7	8.1
（5）企业和私人投资	Company and Private Investment	48.0	74.9	113.4	160.7	89.9	187.9	424.7	600.8	565.1	588.0	690.4	718.2
（6）债券	Bonds	2.5	3.9	5.2	1.7	1.7	0.4	3.8	26.5	41.6	10.0	87.2	104.3
（7）其他投资	Others	51.4	73.4	78.3	142.1	176.5	131.7	207.1	235.9	242.9	232.8	144.8	101.1
按投资用途分：	Divided by Investment Purposes:												
（1）防洪工程	Flood Control	684.6	1018.3	1426.0	1335.8	1522.6	1930.3	2077.0	2438.9	2175.4	2091.3	2801.8	2497.0
（2）水资源工程	Water Resources	1070.5	1284.1	1911.6	1733.1	1852.2	2708.3	2585.2	2704.9	2550.0	2646.8	3076.7	2866.4
（3）水土保持及生态建设	Soil and Water Conservation and Ecological Restoration	85.9	95.4	118.1	102.9	141.3	192.9	403.7	682.6	741.5	913.4	1220.9	1123.6
（4）水电工程	Hydropower Development	105.4	109.0	117.2	164.4	216.9	152.1	166.6	145.8	121.0	106.7	92.4	78.8
（5）行业能力建设	Capacity Building	19.6	40.2	59.6	52.5	40.9	29.2	56.9	31.5	47.0	63.4	85.2	79.9
（6）前期工作	Early-stage Work	24.9	42.0	40.7	40.7	65.1	101.9	174.0	181.2	132.0	132.7	157.3	136.5
（7）其他	Others		329.0	496.9	291.1	328.2	244.2	337.5	636.2	947.5	757.4	747.3	793.8

6-2　历年水利建设施工和投产项目个数

Number of Water Projects Under-construction and Put-into-operation by Year

单位：个
unit: unit

年份 Year	施工项目 Under-construction	#新开工项目 Newly-started Project	部分投产项目 Partially Put-into-operation	全部投产项目 Fully Put-into-operation
1992	2253	978		684
1993	2268	963		694
1994	2300	931		678
1995	2286	931		571
1996	2146	920		635
1997	2320	1091		753
1998	2932	1699		696
1999	2632	1033		722
2000	3456	1901		1106
2001	3344	1792	397	825
2002	4203	2171	827	1103
2003	5196	2834	1305	1376
2004	4307	1816	1313	1249
2005	4855	2095	1709	1407
2006	4614	2158	1596	1422
2007	4852	2203	1428	1584
2008	7529	4418	1380	2683
2009	10715	5992	1025	5499
2010	10704	5811	979	6346
2011	14623	10281	715	7968
2012	20501	13364	708	10282
2013	20266	12199		9016
2014	21630	13518		9612
2015	25184	16702		13816
2016	26331	18410		14781
2017	26698	19724		14615
2018	27930	19786		15713
2019	28742	20779		16268
2020	30005	22532		18772
2021	31614	20900		18993

注　1. 1991—2000 年以及 2013—2020 年未细分当年部分投产与全部投产，均为"全部投产项目"。
　　2. 本表只包括当年正式施工的水利工程设施项目和机构能力建设项目，不包括建设投资计划安排的水利前期、规划及专题研究等项目。

Notes　1. The number of projects putting into operation is used for the data of 1991-2000 and 2013-2020, which is not separated into groups of partially-operated and fully-operated.
　　　2. This table only includes water project under construction and capacity building, excluding projects conducted in the early stage such as feasibility studies, planning and special-subject studies.

6-3 2021 年水利建设施工和投产项目个数（按地区分）

Number of Water Projects Under-construction and Put-into-operation in 2021 (by Region)

单位：个   unit: unit

地区	Region	施工项目 Under-construction	#新开工项目 Newly-started Project	全部投产项目 Fully Put-into-operation
合　计	**Total**	31614	20900	18993
北　京	Beijing	155	28	21
天　津	Tianjin	102	47	72
河　北	Hebei	702	561	545
山　西	Shanxi	841	659	542
内蒙古	Inner Mongolia	810	480	508
辽　宁	Liaoning	643	528	447
吉　林	Jilin	471	344	291
黑龙江	Heilongjiang	765	727	540
上　海	Shanghai	843	36	143
江　苏	Jiangsu	1257	755	788
浙　江	Zhejiang	1416	550	384
安　徽	Anhui	992	691	611
福　建	Fujian	1054	645	437
江　西	Jiangxi	1822	1506	1616
山　东	Shandong	807	627	634
河　南	Henan	874	686	722
湖　北	Hubei	955	762	532
湖　南	Hunan	1884	1730	1319
广　东	Guangdong	3138	1476	1131
广　西	Guangxi	1107	843	702
海　南	Hainan	181	118	75
重　庆	Chongqing	807	460	543
四　川	Sichuan	1656	1149	960
贵　州	Guizhou	1448	536	725
云　南	Yunnan	1729	1080	913
西　藏	Tibet	447	215	292
陕　西	Shaanxi	1785	1419	1229
甘　肃	Gansu	1252	988	1020
青　海	Qinghai	589	468	449
宁　夏	Ningxia	338	278	213
新　疆	Xinjiang	744	508	589

注　本表只包括当年正式施工的水利工程设施项目和机构能力建设项目，不包括建设投资计划安排的水利前期、规划及专题研究等项目。

Note　This table only includes water projects under construction and capacity building, excluding work conducted in the early stage of the project such as feasibility studies, planning and special-subject studies.

6-4 历年水利建设投资规模和进展

Investment and Progress of Water Project Construction by Year

单位：万元

unit: 10⁴ yuan

年份 Year	在建项目实际 需要总投资 Total Needed Investment of Projects Under-construction	累计完成 投资 Accumulation of Completed Investment	累计新增 固定资产 Accumulation of Newly-increased Fixed Assets	#当年新增 Newly- increased of the Present Year	未完工程累计 完成投资 Completed Investment of Uncompleted Project
2004	57472646	33787604	22889594	4788389	10897896
2005	59155516	31451336	20427098	5741035	11016751
2006	61205439	32795254	22999308	5414850	9794480
2007	57498856	33186759	22947692	7255913	10236968
2008	66787193	38436646	25225183	8451275	13211463
2009	78208336	46208244	31295254	15546720	14912990
2010	99662055	56693583	38715221	18497877	17978362
2011	117692905	68877470	42433768	19512353	
2012	137031324	89059580	57753110	27566037	
2013	153460025	101423176	55770917	27804200	
2014	199517592	119504637	70210221	33433685	
2015	225806790	145906522	89799183	43734768	
2016	235892045	141743152	91157375	40466678	
2017	280672156	160775624	89253271	41874677	
2018	265638808	167458755	94591932	36108059	
2019	281668864	176494143	99876024	34738432	
2020	317243894	193246066	95383627	44017878	
2021	295021085	183500530	98883688	40178207	

注　本表只包括当年正式施工的水利工程设施项目和机构能力项目。

Note　The data only includes projects of water infrastructures and capacity building formally initiated in the present year.

6-5 2021年水利建设投资规模和进展（按地区分）
Investment and Progress of Water Project Construction in 2021
(by Region)

单位：万元 unit: 10^4 yuan

地区	Region	在建项目实际需要总投资 Total Needed Investment of Project under Construction	累计完成投资 Accumulation of Completed Investment	累计新增固定资产 Accumulation of Newly-increased Fixed Assets	#当年新增 Newly-increased of the Present Year
合 计	Total	295021085	183500530	98883688	40178207
北 京	Beijing	6095176	4435173	567924	106041
天 津	Tianjin	1124888	622132	307424	306024
河 北	Hebei	7765564	5158452	1409488	1117113
山 西	Shanxi	6488165	4614868	2734501	664454
内蒙古	Inner Mongolia	6674713	4029680	550180	251287
辽 宁	Liaoning	6273940	4806012	4193007	670846
吉 林	Jilin	6437142	1983449	391096	289189
黑龙江	Heilongjiang	1361450	1052548	272293	154933
上 海	Shanghai	8008254	5720297	2715348	559241
江 苏	Jiangsu	15317008	8977713	6090026	3417429
浙 江	Zhejiang	26234923	18139594	9882142	2638745
安 徽	Anhui	13361454	11244956	4975618	2677256
福 建	Fujian	16008735	8337461	3932189	1860075
江 西	Jiangxi	5622166	3166035	1100882	949847
山 东	Shandong	11686497	9884313	3874995	1761288
河 南	Henan	9996648	7659953	3906959	2316310
湖 北	Hubei	5886571	4297834	948503	691238
湖 南	Hunan	4912448	3331299	2455584	1674964
广 东	Guangdong	33559767	13461190	3515714	1482711
广 西	Guangxi	6425897	4849216	2854848	1277832
海 南	Hainan	1844892	859181	53040	33719
重 庆	Chongqing	8504311	4551730	3473594	1334356
四 川	Sichuan	13371209	6501480	3365081	1658697
贵 州	Guizhou	9608285	6990505	5538670	2069602
云 南	Yunnan	20113868	10792598	11055961	4153775
西 藏	Tibet	1861839	1386320	584910	255747
陕 西	Shaanxi	12591075	8299451	3599362	1333265
甘 肃	Gansu	5137009	3778503	1881793	1133952
青 海	Qinghai	2619989	1969003	889761	355750
宁 夏	Ningxia	1656299	1057307	939649	432718
新 疆	Xinjiang	18470904	11542276	10823148	2549803

注 本表只包括当年正式施工的水利工程设施项目和机构能力项目。

Note The data only includes projects of water infrastructures and capacity building formally initiated in the present year.

6-6　历年水利建设投资完成额
Completed Investment for Water Project Construction by Year

单位：万元
unit: 10⁴ yuan

年份 Year	完成投资合计 Total Completed Investment	中央投资 Central Government Investment	其他投资 Others
1958	213266		
1959	245190		
1960	333941		
1961	96041		
1962	77990		
1963	86760		
1964	100800		
1965	101600		
1966	161400		
1967	145800		
1968	88100		
1969	135700		
1970	170400		
1971	210000		
1972	227900		
1973	240900		
1974	236700		
1975	260600		
1976	291400		
1977	286600		
1978	353300		
1979	370400		
1980	270700		
1981	135700		
1982	174737		
1983	211296		
1984	206828		
1985	201580		
1986	228702		
1987	271012		
1988	306454		
1989	355508		
1990	487203		
1991	648677		
1992	971670		
1993	1249260		
1994	1687353		
1995	2063156		
1996	2385240		
1997	3154061		
1998	4676865		
1999	4991476		
2000	6129331	2954199	3175132
2001	5607065	2757822	2849243
2002	8192153	4149894	4042259
2003	7434176	3124746	4309430
2004	7835450	2925784	4909666
2005	7468483	2547065	4921418
2006	7938444	2987571	4950873
2007	9448538	3550444	5898094
2008	10882012	4169558	6712455
2009	18940321	8453697	10486624
2010	23199265	9604835	13594430
2011	30860284	14353990	16506294
2012	39642358	20332106	19310252
2013	37576331	17298370	20277960
2014	40831354	16485110	24346244
2015	54522165	22312410	32209755
2016	60995861	16790762	44205099
2017	71323681	17571183	53752498
2018	66025726	17527438	48498378
2019	67117376	17511092	49606284
2020	81816711	17868781	63947930
2021	75759565	17085856	58673709

6-7 历年水利建设到位投资

Allocated Investment for Water Project Construction by Year

单位：万元   unit: 10⁴ yuan

年份 Year	计划 投资 Planned Investment	到位投资 合计 Total Allocated Investment	中央投资 Central Government Investment	其他投资 Others
2000	6109753	5415598	2770183	2645415
2001	8158739	5820373	3063614	2756759
2002	7873236	6985271	3552762	3432509
2003	8137149	6794217	2926763	3867454
2004	7902719	6393526	2315087	4078439
2005	8273650	7122425	2439757	4682668
2006	9327119	8404460	3428579	4975881
2007	10264653	9208767	3403233	5805533
2008	16040746	14184747	6497568	7687178
2009	17026927	17243218	6560403	10682815
2010	27075729	25800210	13639088	12161123
2011	33481528	32243193	15535845	16707349
2012	40876505	39956593	21100811	18855782
2013	39539765	38210322	17658910	20551412
2014	43450623	43114345	18049685	25064660
2015	48263718	47401460	18632804	28768656
2016	62214867	60576270	16777604	43798666
2017	71882059	70151774	17794492	52357282
2018	65980210	63938343	17529155	46409188
2019	69892344	68753565	17335333	51418232
2020	83294506	80437076	18130461	62306615
2021	80195851	77296105	18675126	58620979

6-8　2021年水利建设到位投资和投资完成额（按地区分）

Allocated and Completed Investment of Water Project Construction in 2021
(by Region)

单位：万元　　　　　　　　　　　　　　　　　　　　　　　　　　　　　　　　　　　　　　unit: 10⁴ yuan

地区	Region	计划投资 Planned Investment	到位投资 合计 Total Allocated Investment	#中央投资 Central Government Investment	地方投资 Local Government Investment	完成投资 合计 Total Completed Investment	#中央投资 Central Government Investment	地方投资 Local Government Investment
合　计	**Total**	**80195851**	**77296105**	**18675126**	**42954356**	**75759565**	**17085856**	**42368181**
北　京	Beijing	476993	534273	57177	387929	509677	48766	382146
天　津	Tianjin	395249	357840	93492	168939	375603	92843	149709
河　北	Hebei	3306600	3126280	648684	1703356	3367570	653846	1764154
山　西	Shanxi	1358590	1326951	494858	421734	1174107	418081	412379
内蒙古	Inner Mongolia	774041	737884	321070	394339	545062	319431	217706
辽　宁	Liaoning	1224141	1114086	399531	455747	939326	262292	469252
吉　林	Jilin	1022582	904222	343436	516337	871442	339550	476068
黑龙江	Heilongjiang	855670	765216	384227	354889	528858	189147	313458
上　海	Shanghai	1450834	1531533	9571	1521729	1708946	9573	1699164
江　苏	Jiangsu	4903116	4874773	424941	3908255	4893478	416137	3933579
浙　江	Zhejiang	5047038	4979183	244035	3646823	5206029	228367	3724076
安　徽	Anhui	5465019	5465819	1080419	3775040	4700464	882206	3218169
福　建	Fujian	4137411	4134382	418239	2149254	4125185	405222	2155036
江　西	Jiangxi	4023941	3782038	724802	1673736	3062670	674404	1192339
山　东	Shandong	4027928	3761491	471397	2810603	3932805	430650	2886862
河　南	Henan	4514905	4243229	1027113	1468255	4571622	971821	1658640
湖　北	Hubei	4488230	4400936	1216792	2279089	2564044	1004438	1061504
湖　南	Hunan	2625426	2627094	809606	1345286	2483260	810163	1226580
广　东	Guangdong	6975290	6974919	495072	5251714	6985276	489904	5201975
广　西	Guangxi	1866362	1783359	817668	663648	1703062	794526	567812
海　南	Hainan	562763	560721	383750	176971	555189	374502	180687
重　庆	Chongqing	1882211	1870771	915321	571405	1876390	860391	596261
四　川	Sichuan	3157718	3080515	1172680	1653548	2910442	1116991	1512520
贵　州	Guizhou	2089688	2001537	519890	1062406	2682197	508100	1728911
云　南	Yunnan	2972904	2535784	773644	1458230	3585460	705486	2216636
西　藏	Tibet	607373	744263	674588	69525	528647	486261	42236
陕　西	Shaanxi	3515831	3452483	1181899	1131328	3346409	1186300	1116737
甘　肃	Gansu	1873859	1629671	673021	767155	1747759	596030	780253
青　海	Qinghai	610649	527657	349679	126303	594521	328821	148413
宁　夏	Ningxia	712054	570873	232733	158786	542426	213655	205816
新　疆	Xinjiang	3271435	2896324	1315791	881997	3141640	1267956	1129105

注　本年投资来源中只单列中央和地方政府投资，利用外资、企业和私人投资以及贷款等投资包含在合计项目中。

Note　Only central and local government investment are listed separately in the sources of the investment in the present year and the investments of foreign capital, enterprises, private sector and bank loans are included in the total.

6-9 历年中央水利建设计划投资
Investment Plan of Central Government for Water Projects by Year

单位：万元   unit: 10⁴ yuan

年份 Year	合计 Total	中央投资合计								地方配套
		Total Investment of Central Government	国家预算 内拨款 National Budget Allocation	国家预算 内专项资金 Special Funds from National Budget	银行贷款 Bank Loan	水利建设 基金 Water Project Construction Funds	利用外资 Foreign Investment	自筹资金 Self- raising Funds	财政专项 Financial Special Funds	Local Counterpart Funds
1991	655166									
1992	1028934									
1993	1376411									
1994	1886707									
1995	2231891									
1996	2688028	1055600	439600		335000		185000	500	95500	1632428
1997	3384137	1368861	627800		345775	219590	166000	9696		2015276
1998	7101177	3623900	802700	2177900	326900	140000	156400	20000		3477277
1999	7035634	3376228	593800	2334410	105658	180000	149000	13360		3659406
2000	6109753	2641132	573750	1776382	15000	180000	66000	30000		3468621
2001	5731680	3799585	542912	2991024		180000	85649			1932095
2002	5731139	3210070	723500	2235070		140000	111500			2521069
2003	6562394	3272983	802500	2311472		110000	49011			3289411
2004	5239960	2788097	687420	1982876		110000	7801			2451863
2005	4955283	2715788	721895	1883644		110000	249			2239495
2006	6254734	2987103	1587945	1294158		105000				3267631
2007	6326569	3088220	1386312	1578908		120000	3000			3238349
2008	11772273	6254207	5494207			120000			640000	5518066
2009	10674744	6370307	4800307			120000			1450000	4304437
2010	18868884	9840567	7010567			150000			2680000	9028317
2011	20518583	11407487	6540567			280000			4586920	9111096
2012	24693914	16229994	8910567			275000			7044427	8463920
2013	20872164	14083113	7170764			222700			6689649	6789051
2014	24262307	16271456	7671817			61950			8385689	7990851
2015	23814269	16852176	8171117			220000			8461059	6962093
2016	20025747	14158877	8159138						5999739	5866870
2017	23603959	15585510	8935510						6650000	8018449
2018	23360456	15545932	8795932						6750000	7814524
2019	22230249	14660900	9118600						5542300	7569349
2020	25179537	14561901	8919601						5642300	10617636
2021	26443451	14819850	9009650						5810200	11623601

注 1. 从 2003 年开始，中央水利建设计划投资包括南水北调当年投资。

   2. 2007 年中央水利建设计划投资不包括当年中央财政转移支付地方水利专项资金 32 亿元。

   3. 2008 年中央水利建设计划投资不包括当年小型农田水利建设中央财政专项补助资金 30 亿元。

Notes 1. Investment plans of central government for water project construction since 2003 include those for South-North Water Diversion Project.

   2. In 2007, investment plans of central government for water project construction exclude 3.2 billion yuan of Central Government funds transferred to special funds of local governments.

   3. In 2008, investment plans of central government for water project construction exclude 3 billion yuan of special funds to small on-farm irrigation and drainage works from the Central Government Finance.

6-10 2021年中央水利建设计划投资（按地区分）

Investment Plan of Central Government for Water Projects in 2021 (by Region)

单位：万元 unit: 10⁴ yuan

地区	Region	合计 Total	中央投资合计 Total Investment of Central Government	国家预算内拨款 National Budget Allocation	财政专项 Financial Special Funds	地方配套 Local Counterpart Funds
合　计	**Total**	**26443451**	**14819850**	**9009650**	**5810200**	**11623601**
北　京	Beijing	18678	18678	12351	6327	
天　津	Tianjin	69471	59271	16300	42971	10200
河　北	Hebei	903479	513081	199829	313252	390398
山　西	Shanxi	350148	324075	118717	205358	26073
内蒙古	Inner Mongolia	463242	290698	144544	146154	172544
辽　宁	Liaoning	483760	392919	254675	138244	90841
吉　林	Jilin	491595	322609	166692	155917	168986
黑龙江	Heilongjiang	556454	392931	240382	152549	163523
上　海	Shanghai	751	751		751	
江　苏	Jiangsu	638202	274542	148490	126052	363660
浙　江	Zhejiang	329630	167582	59615	107967	162048
安　徽	Anhui	2303144	1069551	793326	276225	1233593
福　建	Fujian	932366	402693	199654	203039	529673
江　西	Jiangxi	787163	512381	302800	209581	274782
山　东	Shandong	936417	344251	128353	215898	592166
河　南	Henan	1481922	851922	599813	252109	630000
湖　北	Hubei	936506	623316	367101	256215	313190
湖　南	Hunan	938542	620454	310975	309479	318088
广　东	Guangdong	841093	253256	156747	96509	587837
广　西	Guangxi	1036919	727112	502914	224198	309807
海　南	Hainan	478913	383883	334460	49423	95030
重　庆	Chongqing	762819	405201	215735	189466	357618
四　川	Sichuan	1711682	1117666	677832	439834	594016
贵　州	Guizhou	1032142	521893	285224	236669	510249
云　南	Yunnan	2185515	746992	434353	312639	1438523
西　藏	Tibet	256944	256944	72000	184944	
陕　西	Shaanxi	1121503	743220	499628	243592	378283
甘　肃	Gansu	695095	494925	260890	234035	200170
青　海	Qinghai	412132	222181	74015	148166	189951
宁　夏	Ningxia	847170	300297	225978	74319	546873
新　疆	Xinjiang	1715242	1027763	780245	247518	687479
中央直属	Organizations Directly under the Central	724812	436812	426012	10800	288000

6-11 2021 年中央水利建设计划投资（按项目类型分）

Investment Plan of Central Government for Water Projects in 2021 (by Type)

单位：万元 unit: 10^4 yuan

工 程 类 别	Type of Project	合计 Total	中央投资 Investment of Central Government	国家预算内拨款 National Budget Allocation	财政专项 Financial Special Fund	地方配套 Local Counterpart Funds
合 计	**Total**	**26443451**	**14819850**	**9009650**	**5810200**	**11623601**
一、中央预算内投资	**National Budget Allocation**	**20633251**	**9009650**	**9009650**		**11623601**
（一）国家水网骨干工程	**Major Water Projects**	**14393961**	**5700000**	**5700000**		**8693961**
1. 防洪减灾工程	Flood control and disaster reduction	4536548	2027688	2027688		2508860
1.1 蓄滞洪区建设	Flood storage and detention area	361125	293035	293035		68090
1.2 其他工程	Others	4175423	1734653	1734653		2440770
2. 水资源配置工程	Optimized allocation of water resources	6833729	1973482	1973482		4860247
3. 重大农业节水工程	Water-saving irrigation	2937058	1629530	1629530		1307528
3.1 大中型灌区续建配套节水改造骨干工程	Continued construction of counterpart system for water saving of large & medium irrigation districts	1092417	798330	798330		294087
3.2 新建大型灌区	Newly-constructed large irrigation districts	1844641	831200	831200		1013441
4. 水生态治理工程	Water ecological restoration and improvement	86626	69300	69300		17326
（二）水安全保障工程	**Water Security and Assurance Projects**	**6030951**	**3130000**	**3130000**		**2900951**
1. 流域面积 3000 平方千米以上中小河流治理	Small and medium rivers with a drainage area of more than 3,000 km^2	2778380	1535000	1535000		1243380
2. 重点区域排涝能力建设	Reinforcement of drainage system capability in major areas	349500	120000	120000		229500
3. 大中型病险水库除险加固	Large & Medium risky reservoir reinforcement	747514	487652	487652		259862
4. 中型水库	Medium-sized reservoirs	1770607	656500	656500		1114107
5. 永定河综合治理与生态修复	Water ecological restoration and improvement of Yongdinghe River	130848	130848	130848		
6. 坡耕地水土流失治理	Soil erosion control of slope cultivated land	171870	135000	135000		36870
7. 新建淤地坝	Silt-trap dam construction	82232	65000	65000		17232
（三）行业能力建设	**Capacity Building**	**208339**	**179650**	**179650**		**28689**
1. 部属基础设施建设	MWR basic infrastructures construction	19650	19650	19650		
2. 水文基础设施建设（中央）	Hydrological infrastructure construction (MWR)	80000	80000	80000		
3. 水文基础设施建设（地方）	Hydrological infrastructure construction (local)	68689	40000	40000		28689
4. 前期工作	Early-stage work	40000	40000	40000		
二、中央财政水利发展资金	**Specil Development Funds of Central Government Finance**	**5810200**	**5810200**		**5810200**	

6-12　历年分资金来源中央政府水利建设投资完成额

Completed Investment of Central Government for Basic Water Project Construction by Financial Resources and Year

单位：万元　　　　　　　　　　　　　　　　　　　　　　　　　　　　　　　　　　　　　　　unit: 10⁴ yuan

年份 Year	完成投资 合计 Total Completed Investment	国家预算 内拨款 National Budget Allocation	国家预算内 专项资金 Special Funds from National Budget	国内贷款 Domestic Loan	债券 Bonds	水利建设 基金 Water Project Construction Funds	利用外资 Foreign Investment	自筹资金 Self-raising Funds	其他 Others
2002	4149894	656938	3191917	49200	6690	112367	114273	8692	9817
2003	3124746	537661	2319549	75825	2080	116441	24625	6890	41674
2004	2925784	845984	1891397	46866		75751	38935	8831	18020
2005	2547065	659224	1769155			90406		3499	24782
2006	2987571	1160369	1728516			70474		3389	24824
2007	3550444	1694283	1737805			83395		16833	18128
2008	4169558	2499243	1326835			215404		2660	125415
2009	8453697	6651275	694317			528613		4111	575381
2010	9604835	6077624	162274			1679759		2338	1682839
2011	14353990	5865385	18996	3459382	4219353	294695		7217	488962
2012	20332106	9423985	49308	6263232	3961091	377388	1349	255754	488962

年份 Year	完成投资 合计 Total Completed Investment	国家预算 内拨款 National Budget Allocation	国家预算内 专项资金 Special Funds from National Budget	财政专项 资金 Financial Special Funds	重大水利工程 建设基金 Major Water Project Construction Funds	水利建设 基金 Water Project Construction Funds	自筹资金 Self-raising Funds	其他 Others
2013	17298370	7739486	18037	5043911	3992849	181873	3863	318352
2014	16485110	8120690	15802	6350347	1070910	142712		784648
2015	22312410	10547144	3698	10675623	475248	66673		544023
2016	16792314	9303026		7247845	10202	9687	7728	213827
2017	17571183	10023960		7209334	65043	3790		269055
2018	17527348	9579176		7556774	205730	5870	3552	176245
2019	17511092	10009124		6726845	26820	109964	1564	636774
2020	17868781	9610948		7848570				409263
2021	17085856	8582481		8049043	18186			436146

注　2014 年开始，中央水利建设计划投资其他项中包括土地出让收益。2021 年财政专项资金包含特别国债 154252 万元。

Note　The other items under the Central Government investment plan for water project construction include land sale revenues since 2014. In 2021, Financial Special Funds include Special treasury bonds 1,542.52 million RMB.

6-13 2021 年分资金来源中央政府水利建设投资完成额（按地区分）

Completed Investment of Central Government for Basic Water Project Construction by Financial Resources in 2021 (by Region)

单位：万元   unit: 10⁴yuan

地区 Region		完成投资 合计 Total Completed Investment	国家预算内 拨款 National Budget Allocation	财政专项 资金 Financial Special Funds	重大水利建设基金 Major Water Project Construction Funds	其他 Others
合 计	Total	17085856	8582481	8049043	18186	436146
北 京	Beijing	48766	41919	6847		
天 津	Tianjin	92843	36268	56575		
河 北	Hebei	653846	217704	436142		
山 西	Shanxi	418081	153800	264281		
内 蒙古	Inner Mongolia	319431	165862	153568		
辽 宁	Liaoning	262292	121140	141152		
吉 林	Jilin	339550	163585	175964		
黑龙江	Heilongjiang	189147	63804	125342		
上 海	Shanghai	9573	3364	6209		
江 苏	Jiangsu	416137	199528	216609		
浙 江	Zhejiang	228367	61271	118285		48811
安 徽	Anhui	882206	605657	276549		
福 建	Fujian	405222	198033	207188		
江 西	Jiangxi	674404	274161	400243		
山 东	Shandong	430650	145257	284047	1346	
河 南	Henan	971821	638453	250870		82497
湖 北	Hubei	1004438	273546	730892		
湖 南	Hunan	810163	311899	349148	16840	132276
广 东	Guangdong	489904	166639	323265		
广 西	Guangxi	794526	555029	239497		
海 南	Hainan	374502	325853	48649		
重 庆	Chongqing	860391	199989	660402		
四 川	Sichuan	1116991	661845	435653		19493
贵 州	Guizhou	508100	252649	255450		
云 南	Yunnan	705486	344320	347313		13854
西 藏	Tibet	486261	325227	153966		7068
陕 西	Shaanxi	1186300	548618	601532		36150
甘 肃	Gansu	596030	255476	294515		46040
青 海	Qinghai	328821	156950	152070		19800
宁 夏	Ningxia	213655	128471	85184		
新 疆	Xinjiang	1267956	986164	251635		30158

6-14 历年分资金来源地方政府水利建设投资完成额
Completed Investment of Local Government Funding for Water Project Construction by Financial Resources and Year

单位：万元　　　　　　　　　　　　　　　　　　　　　　　　　　　　　　　　　　　　　　unit: 10⁴ yuan

年份 Year	完成投资 合计 Total Completed Investment	国家预算内 拨款 National Budget Allocation	国家预算内 专项资金 Special Funds from National Budget	国内贷款 Domestic Loan	债券 Bonds	水利建设 基金 Water Project Construction Funds	利用外资 Foreign Investment	自筹资金 Self-raising Funds	其他 Others
2003	4309430	520660	26544	838338		178465	78795	2464967	201661
2004	4909666	412915	31012	979490		212152	83381	2954103	236614
2005	3153043	671408	24481			212292		1911277	333585
2006	3328865	771171	118653			290750		1781509	366782
2007	4323681	1005975	219184			594419		2182566	321537
2008	4988317	1404392	277876			389544		2350969	565535
2009	8088050	2648216	593286			526050		3334543	985954
2010	9188067	3102910	785587			472065		3159588	1667918

年份 Year	完成投资 合计 Total Completed Investment	国家预算内 拨款 National Budget Allocation	国家预算内 专项资金 Special Funds from National Budget	财政专项 资金 Financial Special Funds	重大水利工程 建设基金 Major Water Project Construction Funds	水利建设 基金 Water Project Construction Funds	土地出让 收益 Land Revenue	自筹资金 Self-raising Funds	其他 Others
2011	12236742	3122803	272666	2188692	158941	501415	121455	4061132	1809637
2012	14644959	3490796	204461	3778785	387799	823099	256976	3502871	2200172
2013	15420031	3628048	109293	4330599	256673	898681	207592	3602855	2386289
2014	18624883	4699739	8147	5242028	296632	1181742	294426	3398976	3503193
2015	25546426	4949487	138296	8245790	328895	1354664	448265	5731487	4349541

年份 Year	完成投资 合计 Total Completed Investment	省级 Provincial Level	地市级 Prefecture/City Level	县级 County Level
2016	28982085	11841645	6464749	10675691
2017	35781893	13777335	7760770	14243788
2018	32595632	12260908	6841351	13493373
2019	34879289	12383357	7840525	14655407
2020	48478334	15916000	11771189	20791145
2021	42368181	13108522	10352581	18907078

注　本表的国家预算内专项资金是通过其他渠道下达的中央转贷地方国债资金。2011年、2012年、2013年、2014年、2015年"其他"中含水资源费完成投资。

Note　The special funds from national budget in this table are sourced from national bonds transferred from the Central Government to local government. The "Others" of 2011, 2012, 2013, 2014 and 2015 in the table include completed investment sourced from water resources fee.

6-15 2021年分资金来源地方政府水利建设投资完成额（按地区分）

Completed Investment of Local Government Funding for Water Project Construction by Financial Resources in 2021 (by Region)

单位：万元   unit: 10⁴ yuan

地区 Region		完成投资 合计 Total Completed Investment	省级 Provincial Level	地市级 Prefecture/City Level	县级 County Level
合 计	**Total**	**42368181**	**13108522**	**10352581**	**18907078**
北 京	Beijing	382146	286437	93035	2674
天 津	Tianjin	149709	73241	76467	
河 北	Hebei	1764154	262220	753473	748461
山 西	Shanxi	412379	289927	72746	49706
内蒙古	Inner Mongolia	217706	157288	31707	28710
辽 宁	Liaoning	469252	74615	231160	163477
吉 林	Jilin	476068	255033	73673	147363
黑龙江	Heilongjiang	313458	60662	37856	214940
上 海	Shanghai	1699164	1134277	537231	27656
江 苏	Jiangsu	3933579	754635	839421	2339523
浙 江	Zhejiang	3724076	674105	458528	2591443
安 徽	Anhui	3218169	463375	983665	1771129
福 建	Fujian	2155036	260751	555028	1339257
江 西	Jiangxi	1192339	367481	231074	593784
山 东	Shandong	2886862	1018704	818005	1050153
河 南	Henan	1658640	246446	748001	664192
湖 北	Hubei	1061504	219506	339235	502763
湖 南	Hunan	1226580	394754	161889	669938
广 东	Guangdong	5201975	901376	1874680	2425918
广 西	Guangxi	567812	340928	157725	69159
海 南	Hainan	180687	167424	317	12946
重 庆	Chongqing	596261	376798	1315	218149
四 川	Sichuan	1512520	337969	317293	857258
贵 州	Guizhou	1728911	1139359	100797	488754
云 南	Yunnan	2216636	1639843	57430	519363
西 藏	Tibet	42236	41016	444	775
陕 西	Shaanxi	1116737	499440	317977	299321
甘 肃	Gansu	780253	192529	107201	480523
青 海	Qinghai	148413	79301	45337	23774
宁 夏	Ningxia	205816	116677	15053	74086
新 疆	Xinjiang	1129105	282406	314815	531884

6-16 历年分中央和地方项目水利建设投资完成额

Completed Investment for Water Project Construction Divided by Central and Local Governments and Year

单位：万元   unit: 10⁴ yuan

年份 Year	完成投资 合计 Total Completed Investment	中央项目 完成投资 Completed Investment of Central Government Projects	#国家预算 内投资 Investment from National Budget	地方项目 完成投资 Completed Investment of Local Government Projects	#国家预算 内投资 Investment From National Budget
2002	8192153	1250858	893363	6941295	3427941
2003	7434176	964952	643859	6469224	2760555
2004	7835450	1429738	566833	6405712	692066
2005	7468483	1227628	988583	6240855	2438382
2006	7938444	1610784	650071	6327660	510299
2007	9448538	1544575	1380809	7903963	3954252
2008	10882012	1092053	845889	9789959	5267405
2009	18940321	2068697	1458349	16871624	10183409
2010	23199265	4427984	2619536	18771281	9054547
2011	30860284	5974864	4732388	24885419	15369941
2012	39642358	6654250	5474212	32988108	23285733
2013	37576331	4304507	4221775	33271824	21078994
2014	40831354	1436675	1368284	39394679	33741709
2015	54522165	1090890	855888	53431275	20912499
2016	60995861	887197	592292	60108665	
2017	71323681	1126919	896667	70196761	
2018	66025726	1165868	754726	64859858	
2019	67117376	663557		66453819	
2020	81816711	485426		81331285	
2021	75759565	678056		75081509	

6-17 2021年分中央和地方项目水利建设投资完成额（按地区分）

Completed Investment for Water Project Construction Divided by Central and Local Governments in 2021(by Region)

单位：万元   unit: 10⁴ yuan

地区	Region	完成投资合计 Total Completed Investment	中央项目完成投资 Completed Investment of Central Government Projects	中央投资 Central Government Investment	地方投资 Local Government Investment	地方项目完成投资 Completed Investment of Local Government Projects	中央投资 Central Government Investment	地方投资 Local Government Investment
合 计	**Total**	**75759565**	**678056**	**389903**	**14416**	**75081509**	**16695953**	**42353765**
北 京	Beijing	509677	29585	29585		480091	19181	382146
天 津	Tianjin	375603	17638	17638		357965	75205	149709
河 北	Hebei	3367570	546	546		3367024	653300	1764154
山 西	Shanxi	1174107	16636	16636		1157471	401445	412379
内蒙古	Inner Mongolia	545062	1644	1644		543418	317786	217706
辽 宁	Liaoning	939326				939326	262292	469252
吉 林	Jilin	871442	2193	2193		869249	337357	476068
黑龙江	Heilongjiang	528858	5497	5344		523361	183803	313458
上 海	Shanghai	1708946	3894	3894		1705052	5679	1699164
江 苏	Jiangsu	4893478	8106	8106		4885372	408031	3933579
浙 江	Zhejiang	5206029	1656	1656		5204373	226711	3724076
安 徽	Anhui	4700464	3568	3568		4696896	878638	3218169
福 建	Fujian	4125185	1253	1253		4123932	403968	2155036
江 西	Jiangxi	3062670				3062670	674404	1192339
山 东	Shandong	3932805	57307	57307		3875498	373344	2886862
河 南	Henan	4571622	55924	55924		4515697	915896	1658640
湖 北	Hubei	2564044	28713	28713		2535331	975725	1061504
湖 南	Hunan	2483260				2483260	810163	1226580
广 东	Guangdong	6985276	9892	9892		6975384	480012	5201975
广 西	Guangxi	1703062	368000	80000	14416	1335062	714526	553396
海 南	Hainan	555189				555189	374502	180687
重 庆	Chongqing	1876390	441	441		1875949	859950	596261
四 川	Sichuan	2910442	3671	3671		2906771	1113320	1512520
贵 州	Guizhou	2682197	96	96		2682102	508004	1728911
云 南	Yunnan	3585460				3585460	705486	2216636
西 藏	Tibet	528647				528647	486261	42236
陕 西	Shaanxi	3346409	19503	19503		3326906	1166797	1116737
甘 肃	Gansu	1747759	2497	2497		1745262	593533	780253
青 海	Qinghai	594521	37453	37453		557068	291368	148413
宁 夏	Ningxia	542426	2342	2342		540084	211313	205816
新 疆	Xinjiang	3141640				3141640	1267956	1129105

6-18　历年分资金来源水利建设投资完成额（一）

Completed Investment for Water Project Construction by Financial Sources and Year（1）

单位：万元　　　　　　　　　　　　　　　　　　　　　　　　　　　　　　　　　　　　　unit: 10^4 yuan

年份 Year	完成投资 合计 Total Completed Investment	国家投资 National Investment	国内贷款 Domestic Loan	债券 Bonds	水利建设基金 Water Project Investment Funds	企业和私人投资 Company and Private Investment	利用外资 Foreign Investment	自筹投资 Self-raising Funds	以工代赈 Labor for Subsidy	其他 Others
1989	355508	227082	14537				11131	86035		16723
1990	487203	278314	20532				22100	135075		31182
1991	648677	339331	48209				59562	172800		28775
1992	1092231	365583	90528				54233	302079	120561	159247
1993	1352846	388237	234441				60343	376303	112057	181465
1994	1687140	421409	389491				148003	500900		227337
1995	2062088	529962	476092				247177	564120		244737
1996	2432539	668533	527637	595			246354	728528	47301	213591
1997	3154061	860940	456094	5040	199311		330697	1010467		291512

年份 Year	完成投资 合计 Total Completed Investment	国家预算内拨款 National Budget Allocation	国家预算内专项资金 Special Funds from National Budget	财政专项资金 Financial Special Funds	国内贷款 Domestic Loan	债券 Bonds	水利建设基金 Water Project Investment Funds	企业和私人投资 Company and Private Investment	利用外资 Foreign Investment	自筹投资 Self-raising Funds	其他 Others
1998	4676865	995338	1107358		562135		180526		209127	1302536	319845
1999	4991476	857574	1398239		369829	219563	236018		203968	1409224	297061
2000	6129331	722894	2152266		478405	30355	322969		232487	1900309	289646
2001	5607065	891427	1933136		325480	12744	209879		275515	1741860	217024
2002	8192153	1129568	3191917		552078	11735	275895		202498	2487278	341184
2003	7434176	1058321	2346093		914163	2080	294907		103420	2471857	243335
2004	7835450	1258899	1922409		1026356		287902		122315	2962934	254634
2005	7468483	1330632	1793636		941809		302698	507175	192643	1914776	485114
2006	7938444	1931541	1847169		806606		361223	338470	143434	1784897	725104
2007	9448538	2700258	1956989		833576	400	677814	383498	94756	2199398	601848
2008	10882012	3903636	1604711		969469		604949	358735	105085	2353630	981800
2009	18940321	9299491	1287604		1528610		1054664	414027	75675	3338654	1941596
2010	23199265	9180534	947861		3374355	25299	2151824	480135	13058	3161926	3864273
2011	30860284	8988189	291662	5648074	2703080	38614	796110	749193	44176	4068349	7532837
2012	39642358	12914781	253770	10042017	2655028	51882	1200487	1133757	41295	3504219	7845122
2013	37576331	11367534	127330	9374510	1726871	17221	1080554	1607082	85724	3606718	8582786
2014	40831354	12820428	23949	11592375	2996401		2691996	899416	43286	3398976	6364525
2015	54522165	15496631	141994	18921413	3386394	4461	1421337	1879054	75704	5731487	7463690
2016	60995861	14904073		16735628	8460963	38335	1925075	3031110	69814	6493719	9337144

注　2011 年、2012 年、2013 年、2014 年和 2015 年"其他"投资中含重大水利工程建设基金，分别为 437.8 亿元、434.9 亿元、412.6 亿元、136.8 亿元和 80.4 亿元。

Note　"Others" of 2011, 2012, 2013, 2014 and 2015 in the table, including the Major Water Project Construction Funds, are 43.78 billion yuan, 43.49 billion yuan, 41.26 billion yuan, 13.68 billion yuan and 8.04 billion yuan respectively.

6-19 历年分资金来源水利建设投资完成额（二）

Completed Investment for Water Project Construction by Financial Sources and Year（2）

年份 Year	完成投资 合计 Total Completed Investment	政府投资① Government Investment①	中央 Central	地方 Local	利用外资 Foreign Investment	企业和 私人投资 Company and Private Investment	国内贷款 Domestic Loan	债券 Bonds	其他 Others
2007	9448538	7874125	3550444	4323681	94756	383498	833576	400	262183
2008	10882012	9157875	4169558	4988317	105085	358735	969469		290849
2009	18940321	16541747	8453697	8088050	75675	414027	1528610	63912	316349
2010	23199265	18792902	9604835	9188067	13058	480135	3374355	25299	513516
2011	30860284	26590732	14353990	12236742	44176	749193	2703080	38614	734489
2012	39642358	34977066	20332106	14644959	41295	1133757	2655028	51882	783330
2013	37576331	32718401	17298370	15420031	85724	1607082	1726871	17221	1421031
2014	40831354	35109993	16485110	18624883	43286	899416	2996401	17200	1765057
2015	54522165	47858836	22312410	25546426	75704	1879054	3386394	4461	1316967
2016	60995861	45774399	16792314	28982085	69814	4247073	8795486	38335	2070754
2017	71323681	53353077	17571183	35781893	80395	6007904	9257656	265419	2359231
2018	66025726	50122981	17527348	32595632	48936	5650623	7524538	415948	2262701
2019	67117376	52390381	17511092	34879289	56512	5879988	6362780	99751	2327964
2020	81816711	66347115	17868781	48478334	106736	6904049	6139504	871647	1447660
2021	75759565	59454036	17085856	42368181	81473	7181739	6988854	1042735	1010728

① 政府投资指中央及地方各级政府完成的水利建设的各项财政资金（包括预算内非经营性基金、国债专项资金和水利建设基金等）和政府部门自筹投资等。

① Government investment refers to all sorts of financial funds from Central Government and local governments at all levels (including non-business funds from budget, special funds and bonds and water project construction funds) and self-raising funds of governmental departments.

6-20 2021年分资金来源水利建设投资完成额（按地区分）

Completed Investment for Water Project Construction by Financial Sources in 2021 (by Region)

单位：万元   unit: 10⁴ yuan

地区	Region	完成投资合计 Total Completed Investment	政府投资① Government Investment①	中央 Central	地方 Local	利用外资 Foreign Investment	企业和私人投资 Company and Private Investment	国内贷款 Domestic Loan	债券 Bonds	其他 Others
合　计	Total	75759565	59454036	17085856	42368181	81473	7181739	6988854	1042735	1010728
北　京	Beijing	509677	430913	48766	382146		62589			16175
天　津	Tianjin	375603	242552	92843	149709		98083			34968
河　北	Hebei	3367570	2418000	653846	1764154		246807	545594	143011	14158
山　西	Shanxi	1174107	830460	418081	412379		109648	219893	6803	7303
内蒙古	Inner Mongolia	545062	537136	319431	217706		2485			5441
辽　宁	Liaoning	939326	731544	262292	469252		33800	159405		14577
吉　林	Jilin	871442	815618	339550	476068		1200	3500	51124	
黑龙江	Heilongjiang	528858	502605	189147	313458			26253		
上　海	Shanghai	1708946	1708737	9573	1699164		209			
江　苏	Jiangsu	4893478	4349716	416137	3933579		310760	187460	28287	17254
浙　江	Zhejiang	5206029	3952442	228367	3724076	17540	347376	789861	8434	90376
安　徽	Anhui	4700464	4100375	882206	3218169		203447	368642		28000
福　建	Fujian	4125185	2560257	405222	2155036		871195	417271	179635	96827
江　西	Jiangxi	3062670	1866743	674404	1192339	42155	256103	894716		2953
山　东	Shandong	3932805	3317512	430650	2886862		342610	246444		26239
河　南	Henan	4571622	2630461	971821	1658640		1029751	709635	149000	52775
湖　北	Hubei	2564044	2065942	1004438	1061504		263992	71245	21698	141168
湖　南	Hunan	2483260	2036743	810163	1226580	3063	355470	87784		200
广　东	Guangdong	6985276	5691879	489904	5201975		798132	58028	296543	140695
广　西	Guangxi	1703062	1362338	794526	567812		79291	240043	2436	18954
海　南	Hainan	555189	555189	374502	180687					
重　庆	Chongqing	1876390	1456652	860391	596261	18240	201592	153057	43379	3469
四　川	Sichuan	2910442	2629510	1116991	1512520		189448	77321	9975	4188
贵　州	Guizhou	2682197	2237010	508100	1728911		129863	271151	201	43972
云　南	Yunnan	3585460	2922122	705486	2216636		495417	136798	2800	28323
西　藏	Tibet	528647	528497	486261	42236					150
陕　西	Shaanxi	3346409	2303036	1186300	1116737		327862	600791	98409	16310
甘　肃	Gansu	1747759	1376283	596030	780253		100006	102947		168522
青　海	Qinghai	594521	477233	328821	148413	475	3955	103914	1000	7944
宁　夏	Ningxia	542426	419470	213655	205816		7250	115706		
新　疆	Xinjiang	3141640	2397060	1267956	1129105		313401	401394		29784

① 政府投资指中央及地方各级政府完成的水利建设的各项财政资金（包括预算内非经营性基金、国债专项资金和水利建设基金等）和政府部门自筹投资等。

① Government investment refers to all sorts of financial funds from Central Government and local governments at all levels (including non-business funds from budget, special funds and bonds and water project construction funds) and self-raising funds of governmental departments.

6-21 历年分用途水利建设投资完成额

Completed Investment for Water Project Construction by Function and Year

单位：万元   unit: 10⁴ yuan

年份 Year	完成投资合计 Total Completed Investment	水库 Reservoir	防洪 Flood Control	灌溉 Irrigation	除涝 Drainage	供水 Water Supply	水电 Hydropower	水保及生态 Soil Conservation and Ecological Restoration	机构能力建设 Capacity Building	前期工作 Early-stage Work	其他 Others
1962	77990	40899	2966	9586	5773						18766
1963	86760	43349	9735	10915	15006						7755
1979	370400	99352	36856	96545	44911						92736
1980	270700	91673	29628	61211	27240						60948
1981	135700	52191	20783	23579	7469						31678
1982	174737	51607	8641	28606	8323						77560
1983	211296	56110	20271	36301	10250						88364
1984	206828	56174	23682	42147	13752						71073
1985	201580	53477	32567	43146	14887						57503
1986	228702	53937	43456	46689	12542	12272					59806
1987	271012	75211	58208	51691	17169	5222					63511
1988	306454	82400	71690	59632	17501	2533					72698
1989	355508	105133	72675	73017	20855	3674					80154
1990	487203	135140	102015	105913	21430	35619					87086
1991	648677	139023	138463	123888	28583	55188	98356				65176
1992	971670	198994	221794	161717	50616	95338	154145				89066
1993	1249260	308558	236551	176821	39098	119747	243324				125161
1994	1687353	436379	242735	162911	57023	237327	393176				157802
1995	2063156	589771	318514	182524	68919	139079	581660				182689
1996	2385240	919545	362152	231447	73659	143625	486151				168661
1997	3154061	1001367	510191	307183	65073	284668	791548				194031
1998	4676865	1131204	1570617	591833	91479	277736	704240				309756
1999	4991576	1122989	2266682	280571	109693	287314	473833	120034			330460
2000	6129331	960273	3049937	537250	110118	410900	563284	182927			314642
2001	5607065		3083006	703721	112183	806205	301137	176624	192108	88888	143538
2002	8192153		4407481	1000174	103544	1515592	466745	319977	169155	68250	141236
2003	7434176		3350814	1045892	88164	1206149	622774	519068	161628	93008	346678
2004	7835450		3579295	875545	90180	1307918	715307	587101	71699	103206	505200
2005	7468483		2781555	1065966	146744	1165206	654724	391856	224008	102562	935862
2006	7938444		2787116	1094704	94098	2082293	573234	422184	65560	136359	682897
2007	9448538		2985677	1039159	199132	3011747	664919	603164	88527	116046	740166
2008	10882012		3465187	1165918	235203	3512571	773709	768749	106007	160441	694229
2009	18940321		6287388	2482320	460735	6178105	720419	867355	106040	158802	1679157
2010	23199265		6635903	3342666	210569	7362713	1053896	858998	195615	248711	3290195
2011	30860284		9962265	4691165	220764	8150170	1090134	953860	402459	420380	4969087
2012	39642358		13942837	6344734	316750	12770928	1171955	1181181	595519	407417	2911038
2013	37576331		13044565	6717187	313072	10614102	1644196	1028920	525410	407346	3281531
2014	40831354		14674482	8230453	551045	10291072	2169022	1412978	409444	650643	2442215
2015	54522165		18791182	13917741	511348	13165716	1520851	1929413	292403	1019151	3374362
2016	60995861		19425029	13599045	1345090	12252598	1666460	4037228	569347	1740192	6360871
2017	71323681		22375176	13706228	2012660	13342899	1458477	6826407	314856	1812265	9474713
2018	66025726		20037244	11724463	1716342	13775575	1209965	7414886	469956	1320205	8357090
2019	67117376		20912904	8050500	1984952	16432286	1066847	9134280	634032	1327181	7574393
2020	81816711		25737869	9763641	2280167	21003188	924484	12209480	851815	1573133	7472932
2021	75759565		22906848	8269786	2063156	20394681	788081	11235629	798825	1364920	7937640

注 1998年前未细分出水保及生态，均放于"其他"中；2001年以后，水库投资已按用途摊到有关工程类型中。

Note   Soil and water conservation and ecological restoration projects are grouped into "other projects" before the year of 1998. After the year of 2001, the investment of reservoir has been grouped into other projects in accordance with its function.

6-22　2021年分用途水利建设投资完成额（按地区分）

Completed Investment for Water Project Construction by Function in 2021
(by Region)

单位：万元

unit: 10⁴ yuan

地区 Region		完成投资 合计 Total Completed Investment	防洪 Flood Control	灌溉 Irrigation	除涝 Drainage	供水 Water Supply	水电 Hydropower	水保及 生态 Soil Conservation and Ecological Restoration	机构能力 建设 Capacity Building	前期工作 Early-stage Work	其他 Others
合　计	**Total**	**75759565**	**22906848**	**8269786**	**2063156**	**20394681**	**788081**	**11235629**	**798825**	**1364920**	**7937640**
北　京	Beijing	509677	267594	500		75417		149340	4044	8956	3825
天　津	Tianjin	375603	19473	10856	35865	155682		99257	752	2887	50832
河　北	Hebei	3367570	865044	82702	339	1073477		1127988	30665	8387	178969
山　西	Shanxi	1174107	229150	137859	3910	340874	4920	299999	15732	6748	134914
内蒙古	Inner Mongolia	545062	182635	51354	2851	168523		93965	15908	16375	13451
辽　宁	Liaoning	939326	379789	53860	23305	213573	330	201187	10956	23598	32728
吉　林	Jilin	871442	281045	88206	57	335659	3991	31335	16521	11883	102746
黑龙江	Heilongjiang	528858	236883	81820	16014	79848	79	51830	3525	8914	49944
上　海	Shanghai	1708946	589020	12396	96997	1966		679312	11689	12744	304823
江　苏	Jiangsu	4893478	1581964	512170	410878	650715	3324	1072076	33679	118392	510279
浙　江	Zhejiang	5206029	2798379	185599	289860	844418	40269	508272	97297	95438	346497
安　徽	Anhui	4700464	2781396	242802	378502	576066	580	290962	83724	12405	334029
福　建	Fujian	4125185	1380194	126696	100057	1009260	76381	656916	23669	234699	517313
江　西	Jiangxi	3062670	710142	234989	150602	701614	544	731408	99603	101368	332400
山　东	Shandong	3932805	1287956	392812	1141	1880360		203185	46481	691	120178
河　南	Henan	4571622	647569	922434	146966	866165	23656	754341	33993	74636	1101862
湖　北	Hubei	2564044	616773	206150	86483	268387	58333	417937	45373	40936	823672
湖　南	Hunan	2483260	929044	583228	67563	442933	47146	243196	31621	37104	101425
广　东	Guangdong	6985276	2028908	180721	171722	2199389	52741	1495769	24236	139055	692733
广　西	Guangxi	1703062	737861	370481	6314	175248	170903	27975	8991	25987	179302
海　南	Hainan	555189	56565	69700	963	271355	9016	37711	358	354	109167
重　庆	Chongqing	1876390	438204	154547	11810	780928	26397	87330	13832	71075	292267
四　川	Sichuan	2910442	1147928	651075	24680	445218		210474	14902	92036	324129
贵　州	Guizhou	2682197	364310	291563	14503	1448584	65887	64709	20352	51017	361274
云　南	Yunnan	3585460	458267	547810	11409	2313414	5868	162093	32077	9739	44784
西　藏	Tibet	528647	164683	126463	434	116223	9002	42006	7793	28362	33681
陕　西	Shaanxi	3346409	748808	172061	6228	754005	17021	993160	30240	57054	567832
甘　肃	Gansu	1747759	345966	233988		904169		194648	8300	8848	51840
青　海	Qinghai	594521	147645	185306	2340	126511	19892	59767	4424	1523	47113
宁　夏	Ningxia	542426	29227	167856	1160	189164		65664	7372	15872	66111
新　疆	Xinjiang	3141640	454427	1191783	205	985536	151802	181814	20716	47839	107519

6-23 历年各水资源分区水利建设投资完成额

Completed Investment for Water Project Construction by Water Resources Sub-region and Year

单位：亿元   unit: 10⁸ yuan

年份 Year	完成投资 合计 Total Completed Investment	松花江区 Songhua River	辽河区 Liaohe River	海河区 Haihe River	黄河区 Yellow River	淮河区 Huaihe River	长江区 Yangtze River	珠江区 Pearl River	东南诸河区 Rivers in Southeast	西南诸河区 Rivers in Southwest	西北诸河区 Rivers in Northwest
1990	48.72	2.25	3.01	4.06	8.86	3.92	14.75	4.66			
1991	64.87	2.39	3.00	3.88	11.08	5.99	18.84	9.51			
1992	97.17	4.71	3.62	6.40	16.35	9.37	32.11	12.26			
1993	124.93	3.77	6.20	11.62	24.26	7.74	39.27	13.49			
1994	168.74	6.13	5.21	12.38	33.36	12.08	51.47	21.04			
1995	206.32	5.38	6.96	14.00	52.51	16.15	59.88	17.38			
1996	238.52	4.08	3.63	20.34	68.03	17.17	58.17	21.95			
1997	315.41	5.01	2.81	20.91	92.58	18.25	72.32	38.39			
1998	467.56	13.47	3.54	31.28	116.17	29.78	125.73	50.36			
1999	499.16	6.29	26.4	21.44	104.67	33.85	157.97	43.47			
2000	612.93	9.42	24.23	47.21	95.84	38.25	218.37	62.45			
2001	560.71	16.49	7.47	33.54	100.03	32.83	186.58	50.86			
2002	819.22	38.95	12.43	62.20	108.50	46.20	283.38	77.17			
2003	743.42	41.54	10.19	61.83	86.86	51.32	210.65	66.39			
2004	783.55	32.63	11.54	55.43	108.92	84.52	207.31	69.22			
2005	746.85	30.89	21.77	51.60	95.04	80.70	210.76	81.38	91.17	16.83	66.69
2006	793.84	31.44	23.88	112.82	78.46	87.15	219.32	76.83	73.69	16.48	73.80
2007	944.85	33.13	28.55	101.84	111.53	130.89	290.87	75.21	75.59	21.85	75.40
2008	1088.20	38.20	40.88	81.91	123.09	118.48	375.07	100.30	88.54	25.79	95.95
2009	1894.03	73.67	81.11	160.97	281.24	206.18	614.21	195.60	117.72	38.41	124.91
2010	2319.93	74.47	53.95	247.07	341.84	171.35	808.78	262.40	169.50	64.49	126.09
2011	3086.03	124.36	75.43	220.53	528.32	225.73	1230.97	285.94	194.66	68.42	131.67
2012	3964.24	198.92	111.42	274.40	709.14	288.06	1487.49	294.51	293.46	118.04	188.79
2013	3757.63	106.49	125.95	330.83	386.57	366.86	1713.12	256.09	64.95	157.19	249.57
2014	4083.14	235.93	152.26	362.67	354.91	375.22	1712.14	312.55	239.56	163.86	174.04
2015	5452.22	428.96	178.11	533.72	512.35	506.46	1697.25	568.15	458.18	264.21	304.84
2016	6099.59	387.14		552.87	605.33	594.23	1954.70	667.17	765.04	255.44	317.65
2017	7132.37	269.98	83.18	491.54	720.64	568.36	2590.92	747.39	904.66	247.88	507.82
2018	6602.57	290.39	62.39	342.00	667.42	592.37	2441.24	712.79	880.15	245.54	368.29
2019	6711.74	202.10	113.32	478.02	582.05	734.99	2432.58	719.08	870.00	216.31	363.29
2020	8181.67	204.71	111.43	649.62	866.16	1224.53	2698.14	967.22	909.00	170.47	380.41
2021	7575.96	138.09	126.21	546.42	978.33	760.10	2504.62	1058.60	910.09	187.23	366.27

注　2005 年以前，本表按照流域统计当年投资完成额，其中东南诸河区、西南诸河区、西北诸河区未作细分。2016 年松花江区含辽河区数据。

Note　Before the year of 2005, the completed investment of the year in this table is calculated based on river basins, and the data of rivers in southeast, rivers in southwest, rivers in northwest, are not given. The data of Liaohe River is included in the Songhua River in 2016.

6-24　2021 年各水资源分区水利建设投资完成额（按地区分）

Completed Investment for Water Project Construction by Water Resources Sub-region in 2021(by Region)

单位：万元　　　　　　　　　　　　　　　　　　　　　　　　　　　　　　　　　　　　　　unit: 10⁴ yuan

地区	Region	完成投资 合计 Total Completed Investment	松花江区 Songhua River	辽河区 Liaohe River	海河区 Haihe River	黄河区 Yellow River	淮河区 Huaihe River	长江区 Yangtze River	珠江区 Pearl River	东南诸河区 Rivers in Southeast	西南诸河区 Rivers in Southwest	西北诸河区 Rivers in Northwest
合　计	Total	75759565	1380937	1262051	5464219	9783341	7601030	25046153	10585996	9100876	1872253	3662709
北　京	Beijing	509677			509677							
天　津	Tianjin	375603			375603							
河　北	Hebei	3367570			3367570							
山　西	Shanxi	1174107			265161	908946						
内蒙古	Inner Mongolia	545062	67227	236136	6985	191804						42910
辽　宁	Liaoning	939326	9572	929754								
吉　林	Jilin	871442	775281	96161								
黑龙江	Heilongjiang	528858	528858									
上　海	Shanghai	1708946						1708946				
江　苏	Jiangsu	4893478					2380727	2512751				
浙　江	Zhejiang	5206029						229084		4976945		
安　徽	Anhui	4700464					1761415	2939049				
福　建	Fujian	4125185							1253	4123932		
江　西	Jiangxi	3062670						3062670				
山　东	Shandong	3932805			449687	2509269	973849					
河　南	Henan	4571622			489537	1223865	2485039	373181				
湖　北	Hubei	2564044						2564044				
湖　南	Hunan	2483260						2469845	13415			
广　东	Guangdong	6985276							6985276			
广　西	Guangxi	1703062						25672	1677391			
海　南	Hainan	555189							555189			
重　庆	Chongqing	1876390						1876390				
四　川	Sichuan	2910442				12637		2897806				
贵　州	Guizhou	2682197						1819552	862645			
云　南	Yunnan	3585460						1748645	492080		1344735	
西　藏	Tibet	528647						1129			527518	
陕　西	Shaanxi	3346409				2693937		652472				
甘　肃	Gansu	1747759				1271054		126136				350569
青　海	Qinghai	594521				429402		37529				127590
宁　夏	Ningxia	542426				542426						
新　疆	Xinjiang	3141640										3141640

6-25 历年分隶属关系水利建设投资完成额

Completed Investment for Water Project Construction by Ownership and Year

单位：万元 unit: 10⁴ yuan

年份 Year	完成投资 合计 Total Completed Investment	中央属 Central Government	省属 Provincial Governments	地市属 Prefectures and Cities	县属 Counties	其他 Others
1999	4991576	1275512	1626012	1216724	764316	109012
2000	6129331	1385363	2465371	1187976	974035	116586
2001	5607065	1219487	2237784	1070939	976605	102250
2002	8192153	1250858	3454247	1818716	1668332	
2003	7434176	964952	3239531	1458719	1699661	71313
2004	7835450	1429738	2900010	1642748	1518628	343126
2005	7468483	1227628	2548527	1882009	1579786	230533
2006	7938444	1610784	2260775	2010232	1825458	231196
2007	9448538	1544575	2891368	2389052	2266202	357341
2008	10882012	1092053	3193009	2675569	3667281	254100
2009	18940321	2068697	4693782	4906296	7119662	151884
2010	23199265	4427984	5147607	4886393	8160858	576423
2011	30860284	5974864	5766091	5401723	13539071	178534
2012	39642358	6654250	7100709	6133605	19751460	2333
2013	37576331	4304507	7201760	5405134	20578714	86216
2014	40831354	1436675	8882262	5732513	24660484	119421
2015	54522165	1090890	12009713	8324721	32395780	701061
2016	60995861	887197	12969444	12188351	34425189	525681
2017	71323681	1126919	13904614	13437179	42827706	27262
2018	66025726	1165868	11024225	11898439	41856591	80602
2019	67117376	663557	10677876	14669016	41033646	73280
2020	81816711	485426	12382542	19189575	49696006	63162
2021	75759565	678056	11649800	15362502	48069207	

6-26 2021年分隶属关系水利建设投资完成额（按地区分）

Completed Investment for Water Project Construction by Ownership in 2021 (by Region)

单位：万元　　　　　　　　　　　　　　　　　　　　　　　　　　　　　　　　　　　　　unit: 10⁴ yuan

地区	Region	完成投资 合计 Total Completed Investment	中央属 Central Government	省属 Provincial Governments	地市属 Prefectures and Cities	县属 Counties
合 计	**Total**	**75759565**	**678056**	**11649800**	**15362502**	**48069207**
北 京	Beijing	509677	29585	220085	260006	
天 津	Tianjin	375603	17638	219536	138428	
河 北	Hebei	3367570	546	169143	542843	2655039
山 西	Shanxi	1174107	16636	227611	271786	658073
内蒙古	Inner Mongolia	545062	1644	242162	46720	254536
辽 宁	Liaoning	939326		152098	393596	393632
吉 林	Jilin	871442	2193	97758	97105	674386
黑龙江	Heilongjiang	528858	5497		50085	473275
上 海	Shanghai	1708946	3894	1219465	485020	566
江 苏	Jiangsu	4893478	8106	191091	882863	3811418
浙 江	Zhejiang	5206029	1656	20466	834433	4349474
安 徽	Anhui	4700464	3568	901839	1046997	2748060
福 建	Fujian	4125185	1253	42510	683800	3397621
江 西	Jiangxi	3062670		543469	562215	1956986
山 东	Shandong	3932805	57307	382412	1470141	2022946
河 南	Henan	4571622	55924	686799	864226	2964672
湖 北	Hubei	2564044	28713	185223	550138	1799969
湖 南	Hunan	2483260		264245	572688	1646327
广 东	Guangdong	6985276	9892	974024	1780700	4220660
广 西	Guangxi	1703062	368000	26911	468730	839422
海 南	Hainan	555189		468542	17599	69048
重 庆	Chongqing	1876390	441	274719	24631	1576599
四 川	Sichuan	2910442	3671	251703	603638	2051430
贵 州	Guizhou	2682197	96	134358	158686	2389057
云 南	Yunnan	3585460		1424539	117750	2043171
西 藏	Tibet	528647		69823	137961	320863
陕 西	Shaanxi	3346409	19503	750017	840033	1736856
甘 肃	Gansu	1747759	2497	258665	339650	1146947
青 海	Qinghai	594521	37453	173947	45908	337213
宁 夏	Ningxia	542426	2342	245258	79481	215346
新 疆	Xinjiang	3141640		831382	994644	1315614

6-27　历年分建设性质水利建设投资完成额

Completed Investment of Water Projects by Construction Type and Year

单位：万元 　　　　　　　　　　　　　　　　　　　　　　　　　　　　　　　unit: 10⁴ yuan

年份 Year	完成投资 合计 Total Completed Investment	新建 Newly- constructed	扩建 Expansion	改建 Rehabilitation	建造生活 设施 Domestic Facilities	迁建 Relocation Construction	恢复 Restoration	单纯购置 Procurement Only	前期工作 Early-stage Work
2003	7434176	4612389	748559	1922749	855	16889	125502	7234	
2004	7835450	5232176	787089	1648118	1697	552	160443	5376	
2005	7468483	5169892	913465	1254193	5989	435	116656	7852	
2006	7938444	5836456	679318	1243188		13730	58633	5082	102036
2007	9448538	6622152	809702	1855168		1888	78782	10328	70518
2008	10882012	6937057	809372	2881669	12990	14725	148107	8967	69126
2009	18940321	11696786	1340990	5704611	1291	10202	54847	6191	125403
2010	23199265	16492525	1262254	5091019		12872	228757	15949	95888
2011	30860284	21901730	1789445	6385538	6766	26135	278805	63158	408708
2012	39642358	25536930	1299875	12321437		48364	241298	33045	161409
2013	37576331	25553378	1477689	9611358		15728	300676	94565	522008
2014	40831354	28633614	2327562	8894558		8277	371433	66884	529025
2015	54522165	40077117	2920473	10667646		14165	328103	144340	370321
2016	60995861	47757408	3841636	8432564	32325	48579	546026	101612	235712
2017	71323681	55075463	3898865	11097559	13128	31111	646282	235608	325666
2018	66025726	51495714	2639430	10389443	310	32796	352788	276927	838319
2019	67117376	52027712	2028760	12081635	4984	39536	217876	244893	471979
2020	81816711	60090685	2960084	17333362	13242	53811	241309	493481	630736
2021	75759565	57459768	2544043	13950178	29296	85645	389011	667549	634075

6-28　2021年分建设性质水利建设投资完成额（按地区分）

Completed Investment of Water Projects by Construction Type in 2021
(by Region)

单位：万元　　　　　　　　　　　　　　　　　　　　　　　　　　　　　　　　　　　　　　　unit: 10⁴ yuan

地区	Region	完成投资 合计 Total Completed Investment	新建 Newly- constructed	扩建 Expansion	改建 Rehabilitation	建造生活 设施 Domestic Facilities	迁建 Relocation Construction	恢复 Restoration	单纯购置 Procurement Only	前期工作 Early-stage Work
合　计	Total	75759565	57459768	2544043	13950178	29296	85645	389011	667549	634075
北　京	Beijing	509677	394650		96532	200		10941	500	6854
天　津	Tianjin	375603	246135	30111	97636					1720
河　北	Hebei	3367570	3194518		169594				379	3080
山　西	Shanxi	1174107	1017843	26382	127344	21		968	510	1040
内蒙古	Inner Mongolia	545062	364595		159611				4532	16324
辽　宁	Liaoning	939326	892237	3080	32256			3237	3655	4862
吉　林	Jilin	871442	822913		14560			8361	9345	16264
黑龙江	Heilongjiang	528858	371748	34436	120733					1941
上　海	Shanghai	1708946	1647670	7964	49358			2152		1801
江　苏	Jiangsu	4893478	3421085	383036	982483	359	54484	448	8374	43209
浙　江	Zhejiang	5206029	3732913	193668	1216111	600	2314	54908	1040	4475
安　徽	Anhui	4700464	4211362	70938	394424	6570	8776		376	8018
福　建	Fujian	4125185	3765117	116455	147758	106		23862	996	70892
江　西	Jiangxi	3062670	1562417	37659	1322748			34480	2790	102575
山　东	Shandong	3932805	1347173	474593	2110498					541
河　南	Henan	4571622	2980994	389915	1180698			8796	2814	8405
湖　北	Hubei	2564044	1379962	133943	484029	12115	1000		396119	156875
湖　南	Hunan	2483260	1461368	111467	832823			4158	41908	31536
广　东	Guangdong	6985276	5943242	253142	699133	3939	16883	22173	8138	38626
广　西	Guangxi	1703062	1338031	54054	158899	471		134013	1958	15636
海　南	Hainan	555189	520598	3334	30178			230	849	
重　庆	Chongqing	1876390	1674902	25932	106087	45	1567	5888	12463	49505
四　川	Sichuan	2910442	2667269		226922				3412	12840
贵　州	Guizhou	2682197	2588771	13162	66226	4593		571	8405	469
云　南	Yunnan	3585460	3203401	109499	245311	82	219	2381	18518	6050
西　藏	Tibet	528647	483797	8634	5444			30495	262	14
陕　西	Shaanxi	3346409	971509	5542	2212437	50		24902	110862	21107
甘　肃	Gansu	1747759	1593580	19967	115281	107	402	14312	1210	2901
青　海	Qinghai	594521	582906		8229				3366	20
宁　夏	Ningxia	542426	374897	3045	153535	39			5391	5519
新　疆	Xinjiang	3141640	2702163	34085	383300			1736	19380	975

6-29 历年分建设阶段水利建设投资完成额

Completed Investment of Water Projects by Construction Stage and Year

单位：万元   unit: 10⁴ yuan

年份 Year	完成投资 合计 Total Completed Investment	筹建 Preparation	当年正式施工 Start Construction at the Present Year	当年收尾 Completed at the Present Year	全部停缓建 Suspended or Cancelled	单纯购置 Procurement Only	前期工作 Early-stage Work
2002	8192153	164376	7780740	240816		6221	
2003	7434176	45986	7206884	170562	3510	7234	
2004	7835450	141607	7406704	273994	7763	5384	
2005	7468483		7394937	56826	8867	7852	
2006	7938444	40716	7651806	132829	14226	5082	93784
2007	9448538	61830	9017110	259879	11690	8836	89193
2008	10882012	82697	10607800	80926	11540	8967	90082
2009	18940321	352473	18322138	112391	23122	6191	124006
2010	23199265	211602	22783218	25864	8067	15949	154565
2011	30860284	556487	29784426	45422	2083	63158	408708
2012	39642358	687320	38714955	40132	5498	33045	161409
2013	37576331	696244	36176897	12888	8999	94565	584680
2014	40831354	1397937	38766904	22227	17572	66884	559830
2015	54522165	665889	53323533	8625	9457	144340	370321
2016	60995861	816181	59691186	57777	77366	117639	235712
2017	71323681	902775	69379202	476874	3517	235608	325706
2018	66025726	730752	63746368	429387	3918	276977	838324
2019	67117376	386867	65671707	317471	11307	258045	471979
2020	81816711	767758	79285547	623873	15316	493481	630736
2021	75759565	658030	71063052	2710671	11281	682455	634075

6-30　2021年分建设阶段水利建设投资完成额（按地区分）

Completed Investment of Water Projects by Construction Stage in 2021
(by Region)

单位：万元　　　　　　　　　　　　　　　　　　　　　　　　　　　　　　　　　　　unit: 10⁴ yuan

地区	Region	完成投资 合计 Total Completed Investment	筹建 Preparation	当年正式施工 Start Construction at the Present Year	当年收尾 Completed at the Present Year	全部停缓建 Suspended or Cancelled	单纯购置 Procurement Only	前期工作 Early-stage Work
合　计	**Total**	**75759565**	**658030**	**71063052**	**2710671**	**11281**	**682455**	**634075**
北　京	Beijing	509677		502123			700	6854
天　津	Tianjin	375603		372553	1330			1720
河　北	Hebei	3367570		3364112			379	3080
山　西	Shanxi	1174107	1690	1170071	796		510	1040
内蒙古	Inner Mongolia	545062	817	523389			4532	16324
辽　宁	Liaoning	939326	1154	927082	2573		3655	4862
吉　林	Jilin	871442		826136	19697		9345	16264
黑龙江	Heilongjiang	528858		526917				1941
上　海	Shanghai	1708946	38625	1375668	292651	200		1801
江　苏	Jiangsu	4893478	54213	4786567	177	556	8755	43209
浙　江	Zhejiang	5206029	139413	4430176	630845		1120	4475
安　徽	Anhui	4700464	14503	4676301	1267		376	8018
福　建	Fujian	4125185	77420	3975877			996	70892
江　西	Jiangxi	3062670		2957305			2790	102575
山　东	Shandong	3932805		3932209	55			541
河　南	Henan	4571622	5951	3755251	795014	4000	3001	8405
湖　北	Hubei	2564044		2011049			396119	156875
湖　南	Hunan	2483260		2405317	4500		41908	31536
广　东	Guangdong	6985276	47501	6649732	225829	4463	19125	38626
广　西	Guangxi	1703062	5200	1680142			2084	15636
海　南	Hainan	555189		543603	10737		849	
重　庆	Chongqing	1876390	21817	1792605			12463	49505
四　川	Sichuan	2910442	155444	2738747			3412	12840
贵　州	Guizhou	2682197	2625	2197964	472248		8891	469
云　南	Yunnan	3585460	32615	3430701	97576		18518	6050
西　藏	Tibet	528647	4651	386997	136724		262	14
陕　西	Shaanxi	3346409	45471	3147169	18623	2062	111977	21107
甘　肃	Gansu	1747759		1743628			1230	2901
青　海	Qinghai	594521		589986			4515	20
宁　夏	Ningxia	542426	155	531322			5430	5519
新　疆	Xinjiang	3141640	8765	3112355	30		19515	975

6-31　历年分规模水利建设投资完成额

Completed Investment of Water Projects by Size of Water Project and Year

单位：万元 　　　　　　　　　　　　　　　　　　　　　　　　　　　　　　　　unit: 10⁴ yuan

年份 Year	完成投资 合计 Total Completed Investment	大中型 Large and Medium	小型 Small	其他 Others
2003	7434176	2343713	4815522	274940
2004	7835450	2259955	5365376	210120
2005	7468483	3263029	3766332	439121
2006	7938444	2961707	4451579	525158
2007	9448538	3183673	5485744	779121
2008	10882012	2539432	8179610	162970
2009	18940321	4502610	14205434	232277
2010	23199265	6878706	16093909	226650
2011	30860284	9452390	20863449	544445
2012	39642358	11694575	27575237	372546
2013	37576331	9059372	27632787	884172
2014	40831354	7085221	33088136	657997
2015	54522165	8599941	45402114	520110
2016	60995861	10800283	49719523	476055
2017	71323681	14304835	56350991	667854
2018	66025726	11835058	51689130	2501539
2019	67117376	10667722	55356816	1092839
2020	81816711	16354497	64421106	1041107
2021	75759565	16900457	57413278	1445830

6-32　2021 年分规模水利建设投资完成额（按地区分）

Completed Investment of Water Projects by Size of Project in 2021 (by Region)

单位：万元　　　unit: 10⁴ yuan

地区	Region	完成投资 合计 Total Completed Investment	大中型 Large and Medium	小型 Small	其他 Others
合　计	**Total**	**75759565**	**16900457**	**57413278**	**1445830**
北　京	Beijing	509677	51939	447609	10128
天　津	Tianjin	375603	18093	348965	8545
河　北	Hebei	3367570	823993	2537626	5952
山　西	Shanxi	1174107	104921	1068646	540
内蒙古	Inner Mongolia	545062	241891	282634	20537
辽　宁	Liaoning	939326	125826	804982	8517
吉　林	Jilin	871442	217210	652952	1280
黑龙江	Heilongjiang	528858	43800	482964	2094
上　海	Shanghai	1708946	223658	1480680	4608
江　苏	Jiangsu	4893478	615560	4222912	55006
浙　江	Zhejiang	5206029	960213	4245641	175
安　徽	Anhui	4700464	1393146	3304150	3168
福　建	Fujian	4125185	705117	3416797	3271
江　西	Jiangxi	3062670	66359	2892012	104299
山　东	Shandong	3932805	506345	3408890	17569
河　南	Henan	4571622	1125408	3014170	432044
湖　北	Hubei	2564044	128015	2409110	26919
湖　南	Hunan	2483260	402115	2005496	75650
广　东	Guangdong	6985276	1574668	5294896	115712
广　西	Guangxi	1703062	701618	1001444	
海　南	Hainan	555189	477555	48444	29189
重　庆	Chongqing	1876390	286092	1524728	65570
四　川	Sichuan	2910442	780103	2128639	1700
贵　州	Guizhou	2682197	509552	1947549	225097
云　南	Yunnan	3585460	1835310	1585709	164441
西　藏	Tibet	528647	55735	470852	2060
陕　西	Shaanxi	3346409	949059	2373846	23504
甘　肃	Gansu	1747759	221849	1524684	1226
青　海	Qinghai	594521	241905	349243	3373
宁　夏	Ningxia	542426	269421	259966	13039
新　疆	Xinjiang	3141640	1243983	1877040	20617

6-33　历年分构成水利建设投资完成额

Completed Investment of Water Projects by Year and Composition of Funds

单位：万元

unit: 10⁴ yuan

年份 Year	完成投资 合计 Total Completed Investment	建筑工程 Construction Project	安装工程 Installation	设备工器具购置 Procurement of Machinery and Equipment	其他 Others
2003	7434176	5670323	289401	352728	1121724
2004	7835450	5526833	276530	436531	1595556
2005	7468483	5306556	269855	398472	1493600
2006	7938444	5837364	318550	384313	1398217
2007	9448538	6725242	465282	568467	1689547
2008	10882012	7815009	674188	599969	1792847
2009	18940321	12972462	1133765	1250000	3584094
2010	23199265	15248673	1096243	1245116	5609232
2011	30860284	21032078	1216941	1152076	7459189
2012	39642358	27364953	2377877	1781362	8118166
2013	37576331	27828417	1735750	1610647	6401516
2014	40831354	30863756	1850155	2061439	6056004
2015	54522165	41508222	2287941	1987101	8738901
2016	60995861	44220022	2544739	1728498	12502603
2017	71323681	50696887	2658070	2117097	15851627
2018	66025726	48772479	2808603	2143718	12300927
2019	67117376	49878904	2430564	2210504	12597405
2020	81816711	60148986	3196508	2500343	15970874
2021	75759565	58512560	3300614	2036241	11910150

6-34 2021年分构成水利建设投资完成额（按地区分）

Completed Investment of Water Projects by Composition of Funds in 2021
(by Region)

单位：万元   unit: 10⁴ yuan

地区 Region		完成投资 合计 Total Completed Investment	建筑工程 Construction Project	安装工程 Installation	设备工器具购置 Procurement of Machinery and Equipment	其他 Others
合 计	Total	75759565	58512560	3300614	2036241	11910150
北 京	Beijing	509677	412360	1021	504	95791
天 津	Tianjin	375603	245068	11972	12979	105584
河 北	Hebei	3367570	2154823	178903	151049	882795
山 西	Shanxi	1174107	746131	54997	76513	296467
内蒙古	Inner Mongolia	545062	446791	10647	22623	65001
辽 宁	Liaoning	939326	816924	49638	16321	56442
吉 林	Jilin	871442	715891	18252	25196	112103
黑龙江	Heilongjiang	528858	405071	22465	16417	84904
上 海	Shanghai	1708946	1539685	2343	1363	165554
江 苏	Jiangsu	4893478	3708166	272738	114624	797950
浙 江	Zhejiang	5206029	3861560	144366	72113	1127990
安 徽	Anhui	4700464	3983918	91134	87363	538049
福 建	Fujian	4125185	3208759	139779	61635	715012
江 西	Jiangxi	3062670	2155163	179317	112228	615961
山 东	Shandong	3932805	2826489	353302	139183	613832
河 南	Henan	4571622	3918900	76180	137165	439377
湖 北	Hubei	2564044	1819582	92927	62748	588787
湖 南	Hunan	2483260	1918686	174581	104869	285124
广 东	Guangdong	6985276	5847800	283434	60015	794027
广 西	Guangxi	1703062	1328860	72219	87202	214781
海 南	Hainan	555189	176560	9188	2493	366948
重 庆	Chongqing	1876390	1212908	138172	79769	445541
四 川	Sichuan	2910442	2192100	168762	49396	500185
贵 州	Guizhou	2682197	1919741	279776	94917	387764
云 南	Yunnan	3585460	3262072	126984	55611	140793
西 藏	Tibet	528647	430787	24439	25268	48153
陕 西	Shaanxi	3346409	2474636	61349	69959	740465
甘 肃	Gansu	1747759	1398172	104667	79857	165063
青 海	Qinghai	594521	497934	4536	7504	84548
宁 夏	Ningxia	542426	423916	21204	42264	55043
新 疆	Xinjiang	3141640	2463107	131325	167094	380114

6-35 历年水利建设当年完成工程量

Completed Working Load by Year

单位：万立方米　　　　　　　　　　　　　　　　　　　　　　　　　　　　　　unit: $10^4 m^3$

年份 Year	土方 Earth	石方 Rock	混凝土 Concrete
1961	19735	1809	116
1962	25287	1711	77
1963	27438	1679	104
1964	37869	2270	145
1965	64193	2881	186
1971	51085	1478	143
1972	125853	11652	370
1973	111397	13464	469
1974	115695	10671	417
1975	125712	13821	502
1976	163160	26423	712
1977	139104	15147	638
1978	139800	19600	808
1979	206100	16300	746
1980	55000	5400	506
1981	20800	2500	231
1982	19500	2100	245
1983	24300	2000	283
1984	26500	2300	268
1985	25200	2000	244
1986	24100	2000	225
1987	31000	2600	276
1988	29300	2300	298
1989	31650	2886	328
1990	33209	2712	437
1991	40143	3124	512
1992	54862	5054	583
1993	46099	5710	630
1994	41177	5127	707
1995	34955	6126	824
1996	34883	7865	807
1997	42755	5630	988
1998	101393	15023	1322
1999	104684	14022	1613
2000	129432	14456	2084
2001	92777	14716	1855
2002	139036	18178	2581
2003	94079	14677	2710
2004	132007	24057	2514
2005	138665	20718	2168
2006	201603	39847	1971
2007	140567	25099	2050
2008	170705	26686	2651
2009	198846	25333	4641
2010	226128	30505	4660
2011	282247	26001	6228
2012	343715	47404	7447
2013	359956	53854	7030
2014	308992	59370	6932
2015	376411	59603	8181
2016	398386	70072	8671
2017	351660	55394	9454
2018	343669	44508	9340
2019	299050	38926	14811
2020	336534	31232	14141
2021	268034	37566	24033

6-36　2021年水利建设当年完成工程量（按地区分）

Completed Working Load in 2021(by Region)

单位：万立方米　　　　　　　　　　　　　　　　　　　　　　　　　　　　unit: 10⁴m³

地区 Region		当年计划　Planned of the Present Year			当年完成　Completed of the Present Year		
		土方 Earth	石方 Rock	混凝土 Concrete	土方 Earth	石方 Rock	混凝土 Concrete
合　计	Total	274859	37990	26814	268034	37566	24033
北　京	Beijing	750	50	17	804	55	23
天　津	Tianjin	586	33	36	925	38	45
河　北	Hebei	17165	629	849	17056	607	909
山　西	Shanxi	11945	705	576	11541	833	587
内蒙古	Inner Mongolia	7260	791	159	6185	707	127
辽　宁	Liaoning	7379	862	76	7208	842	70
吉　林	Jilin	6542	1167	85	6450	1136	133
黑龙江	Heilongjiang	3741	953	88	3530	882	79
上　海	Shanghai	2519	305	536	2451	305	535
江　苏	Jiangsu	25127	806	522	25034	805	490
浙　江	Zhejiang	10364	2896	2434	10189	2871	2456
安　徽	Anhui	16893	975	738	16666	982	693
福　建	Fujian	2885	2062	692	2881	2056	663
江　西	Jiangxi	7057	1013	702	6726	893	689
山　东	Shandong	16554	658	521	16360	657	517
河　南	Henan	21525	918	990	21526	902	917
湖　北	Hubei	4202	1592	371	3963	1522	368
湖　南	Hunan	6337	1121	796	6242	1110	777
广　东	Guangdong	5340	1011	655	5290	973	669
广　西	Guangxi	2692	618	748	2546	579	1028
海　南	Hainan	393	387	62	900	358	43
重　庆	Chongqing	2950	1371	1621	2922	1311	1604
四　川	Sichuan	5351	3013	1073	5131	2846	1039
贵　州	Guizhou	7627	2414	2439	7038	2335	2061
云　南	Yunnan	9434	4443	4306	9115	4496	4310
西　藏	Tibet	2017	717	2591	2006	710	163
陕　西	Shaanxi	16021	1483	697	15679	1439	683
甘　肃	Gansu	22044	1440	544	21440	1487	532
青　海	Qinghai	3015	376	176	2932	370	156
宁　夏	Ningxia	8562	158	608	6848	206	546
新　疆	Xinjiang	20582	3020	1107	20449	3255	1119

6-37　历年水利建设累计完成工程量

Accumulated Completed Working Load of Water Projects by Year

单位：万立方米 unit: $10^4 m^3$

年份 Year	全部计划　Total Planned			累计完成　Total Completed		
	土方 Earth	石方 Rock	混凝土 Concrete	土方 Earth	石方 Rock	混凝土 Concrete
2003	664041	87724	12965	462941	59674	8617
2004	6422138	1320016	108489	3837466	603405	68102
2005	3211069	660008	54245	1918733	301703	34051
2006	1077148	198978	17349	672085	110836	11386
2007	1083946	222242	17523	601617	91505	10944
2008	1049975	238789	19372	645032	99363	11721
2009	1060725	117890	21656	633610	77809	13828
2010	1188888	118309	24666	647565	80824	14956
2011	980995	120239	27143	690220	77171	16845
2012	1066149	164057	29103	766303	94707	19097
2013	1018601	191797	27116	724815	108723	18140
2014	942890	159184	25891	681691	115661	16265
2015	1088102	195655	30249	847858	153399	18791
2016	955464	157574	33579	802483	144606	20314
2017	1132587	167244	33685	766988	107786	20101
2018	885034	152753	34506	692064	103404	21885
2019	830358	141975	48431	678436	101083	34726
2020	1036944	207820	80078	349480	41521	19474
2021	773821	148424	87103	551617	101100	53707

6-38 2021年水利建设累计完成工程量（按地区分）

Accumulated Completed Working Load of Water Projects in 2021
(by Region)

单位：万立方米   unit: 10⁴m³

地区	Region	全部计划 Total Planned			累计完成 Total Completed		
		土方 Earth	石方 Rock	混凝土 Concrete	土方 Earth	石方 Rock	混凝土 Concrete
合 计	**Total**	**773821**	**148424**	**87103**	**551617**	**101100**	**53707**
北 京	Beijing	6555	269	142	4565	220	95
天 津	Tianjin	3419	62	110	1451	49	82
河 北	Hebei	26783	915	1077	23321	773	956
山 西	Shanxi	25394	3634	1416	19363	3039	1234
内蒙古	Inner Mongolia	27731	5415	792	17274	3979	351
辽 宁	Liaoning	26674	5727	1459	21032	5332	754
吉 林	Jilin	18747	1711	391	15874	1282	276
黑龙江	Heilongjiang	5274	1355	143	4285	1174	95
上 海	Shanghai	9483	709	1262	7630	473	680
江 苏	Jiangsu	46001	3274	1238	39157	899	802
浙 江	Zhejiang	32461	10865	6104	21691	7618	4166
安 徽	Anhui	78491	6445	2403	45652	3579	1319
福 建	Fujian	10093	4672	2108	6353	3120	1360
江 西	Jiangxi	10913	1374	1408	7699	1032	762
山 东	Shandong	47266	1156	939	40842	1055	806
河 南	Henan	59744	1600	1994	43109	1284	1483
湖 北	Hubei	12091	2363	2602	6946	1701	438
湖 南	Hunan	11212	2945	1611	8715	1941	937
广 东	Guangdong	18261	3869	2061	11930	2331	1362
广 西	Guangxi	9430	2542	1988	8011	2764	1811
海 南	Hainan	2035	683	305	1153	508	72
重 庆	Chongqing	9036	6251	3215	6181	3659	2287
四 川	Sichuan	10633	10984	2766	7389	5323	1485
贵 州	Guizhou	41902	22798	9108	36458	19465	7399
云 南	Yunnan	62265	18499	16191	21352	10183	5286
西 藏	Tibet	4841	1381	2893	3823	1038	282
陕 西	Shaanxi	29639	4600	14364	23329	3122	13134
甘 肃	Gansu	41648	3449	1419	33390	2455	899
青 海	Qinghai	6855	2184	635	5645	1181	420
宁 夏	Ningxia	14616	609	996	9334	486	633
新 疆	Xinjiang	64330	16084	3964	48662	10033	2046

年份 Year	水库总库容 /亿立方米 Total Storage Capacity of Reservoirs /10⁸m³	耕地灌溉面积 /千公顷 Irrigated Area of Cultivated Land /10³ha	除涝面积 /千公顷 Drained Area /10³ha	发电装机容量 /千千瓦 Installed Capacity for Power Generation /10³kW	排灌装机容量 /千千瓦 Installed Capacity of Irrigation and Drainage Works /10³kW	供水能力 /万吨每日 Capacity of Water Supply /(10⁴t/d)
1992	120.41	1215.23	836.43	2443.30	200.90	
1993	152.69	1105.52	772.57	3038.20	151.20	
1994	312.91	1171.57	963.29	5294.70	231.60	
1995	342.12	1334.10	853.54	6661.80	286.00	
1996	321.66	1182.93	805.55	6523.40	250.00	860.36
1997	348.99	1056.73	1066.81	7117.20	235.30	1811.81
1998	348.65	1364.77	1095.81	5200.60	471.10	2283.35
1999	310.27	1014.89	133.59	4620.50	215.10	965.60
2000	359.15	798.07	89.79	4090.10	271.60	3961.42
2001	113.48	572.73	173.03	2080.80	114.90	5891.73
2002	250.95	485.93	183.69	1672.30	240.10	2044.47
2003	386.26	820.14	105.09	2708.90	575.50	2478.45
2004	263.05	603.68	165.83	2388.20	64.60	2345.35
2005	317.93	543.64	157.93	2292.60	63.90	1246.36
2006	411.13	556.21	143.41	2133.15	54.87	1851.47
2007	209.42	1261.63	322.64	1532.84	79.45	1734.38
2008	162.59	1189.33	577.59	1846.30	119.66	1283.14
2009	269.80	1929.17	546.46	4267.36	305.15	2311.20
2010	196.28	1115.39	472.66	3791.69	283.66	1585.08
2011	178.80	1010.88	316.17	2068.93	2002.47	6432.39
2012	154.72	890.25	121.66	2574.70	307.71	2657.55
2013	91.23	872.13	221.86	4817.88	423.92	2071.43
2014	118.83	1044.64	315.43	3348.41	306.77	2473.63
2015	108.14	1160.50	276.06	4377.84	207.64	2283.06
2016	165.43	1282.11	392.93	4443.26	606.11	4461.47
2017	104.41	953.17	370.80	5383.35	715.90	2986.09
2018	178.48	1557.89	618.73	5989.23	814.76	3960.76
2019	165.25	1365.80	1030.42	2699.78	411.64	3769.37
2020	135.85	829.88	413.38	1700.61	1154.22	3291.95
2021	165.96	999.33	356.13	4560.07	315.97	3535.52

建设施工规模

Water Projects by Year

改善灌溉面积 /千公顷 Improved Irrigated Area /10³ha	改善除涝面积 /千公顷 Drained Area /10³ha	新建及加固堤防 /千米 Newly-Built & Strengthened Embankment /km	水保治理面积 /千公顷 Recovered Area from Soil Erosion /10³ha	解决饮水困难人口 /万人 Population Access to Drinking Water /10⁴persons	饮水安全达标人口 /万人 Population with Safe Drinking Water /10⁴persons	节水灌溉面积 /千公顷 Water-Saving Irrigated Area /10³ha
678.60	680.71					
425.63	594.44					
517.28	313.48					
699.65	699.18					
1575.13	757.59					
1142.98	762.37					
1720.41	578.18					
2077.57	781.91	8478.08	1925.58	648.90		108.18
2565.22	1381.42	8437.96	1675.12	2139.88		195.79
1437.79	583.71	4695.94	1301.93	2406.42		351.48
1715.7	745.15	5667.73	2579.56	1226.59		262.53
1249.72	463.22	3653.70	1762.34	933.37		250.84
2244.32	678.08	5111.99	854.20		1562.82	488.97
1927.16	599.29	4895.22	783.51		2758.50	368.72
1849.77	1334.84	4273.42	1613.73		4088.10	254.76
2749.38	726.03	5002.74	2553.15		6715.80	343.85
3791.69	678.75	6362.94	1333.20		6574.41	411.17
4220.96	1597.80	10466.16	2641.66		5579.42	541.07
4871.41	817.81	11605.51	2041.65		7198.11	694.89
4466.52	656.19	11330.60	1616.08		6491.21	1268.60
4412.30	1212.26	12369.60	1844.20		6059.06	910.07
4339.14	742.17	10061.26	2188.80		7278.42	1156.48
5664.52	1285.66	17710.06	2758.03			1644.75
6058.58	1812.49	19108.54	2229.91			1878.35
9802.37	3340.07	15245.49	3916.04			2453.55
7303.70	2402.47	13237.70	4069.43			1350.20
5092.27	1098.69	11910.99	3228.00			620.96
5791.41	1398.16	13918.20	2025.87			637.32

6-40 2021 年水利建设

Completed Works of Water Projects

地区	Region	水库总库容 /亿立方米 Total Storage Capacity of Reservoirs /10⁸m³	耕地灌溉面积 /千公顷 Irrigated Area of Cultivated Land /10³ha	除涝面积 /千公顷 Drained Area /10³ha	发电装机容量 /千千瓦 Installed Capacity for Power Generation /10³kW	排灌装机容量 /千千瓦 Installed Capacity of Irrigation and Drainage Works /10³kW	供水能力 /万吨每日 Capacity of Water Supply /(10⁴t/d)
合 计	**Total**	165.96	999.33	356.13	4560.07	315.97	3535.52
北 京	Beijing						0.19
天 津	Tianjin					1.90	84.20
河 北	Hebei		45.80				48.53
山 西	Shanxi	2.37	13.37		1.00	7.92	38.36
内蒙古	Inner Mongolia	0.17	0.17	0.14			119.48
辽 宁	Liaoning	0.42	3.02	6.72	9.95		50.33
吉 林	Jilin	35.97	18.87		24.90		4.43
黑龙江	Heilongjiang	4.12	77.73	71.51	2.20	0.78	103.35
上 海	Shanghai			21.10		1.80	
江 苏	Jiangsu		31.85	6.70	1.30	37.20	281.59
浙 江	Zhejiang	0.80	14.54	5.22	90.98	26.54	212.43
安 徽	Anhui	0.40	75.45	34.37	0.05	110.16	104.27
福 建	Fujian	3.31	10.07	33.06	0.30	4.49	221.64
江 西	Jiangxi	2.99	29.02	28.39	8.09	14.22	158.03
山 东	Shandong	1.00				6.04	75.98
河 南	Henan	1.12	198.13	93.99			91.85
湖 北	Hubei	32.73	50.10	12.65	968.00	25.40	576.71
湖 南	Hunan	0.22	15.82	2.52	23.32	9.03	167.07
广 东	Guangdong	1.92	21.69	7.87	769.61	15.62	281.13
广 西	Guangxi	9.10	95.87	3.28	1000.00	9.61	27.59
海 南	Hainan	1.78	9.91				1.58
重 庆	Chongqing	2.93	23.02	7.09	40.06	10.50	111.08
四 川	Sichuan	3.70	52.13	0.36	0.07	0.96	114.89
贵 州	Guizhou	3.46	21.73	3.57	55.80		153.65
云 南	Yunnan	9.17	114.70	0.49	8.05	0.06	146.74
西 藏	Tibet	1.40	12.74	2.13			0.57
陕 西	Shaanxi	3.79	5.89	13.45	60.11	26.39	90.88
甘 肃	Gansu	0.09	29.76			7.37	93.23
青 海	Qinghai	3.58	4.33		5.03		13.82
宁 夏	Ningxia	1.09	0.77				34.22
新 疆	Xinjiang	38.36	22.85	1.53	1491.26		127.71

施工规模（按地区分）
in 2021 (by Region)

改善灌溉面积 /千公顷 Improved Irrigated Area /10³ha	改善除涝面积 /千公顷 Drained Area /10³ha	新建及加固堤防 /千米 Newly-built & Strengthened Embankment /km	水保治理面积 /千公顷 Recovered Area from Soil Erosion /10³ha	节水灌溉面积 /千公顷 Water-saving Irrigated Area /10³ha
5791.44	**1398.16**	**13918.20**	**2025.87**	**637.32**
		1.06	28.23	
7.59	12.00	12.28	2.12	0.66
217.67	10.27	264.27	86.79	29.91
191.99	51.07	189.56	95.50	14.93
25.02	3.04	359.38	148.14	4.64
54.65	9.33	206.86	65.17	4.96
23.30		667.51	13.12	13.11
286.18	43.43	454.06	28.49	0.90
	27.00	223.69	68.22	
454.62	600.27	785.55	37.79	19.07
57.82	88.11	720.18	36.43	1.67
146.47	99.76	968.50	33.13	15.26
71.97	20.44	483.08	62.11	16.95
367.62	87.80	888.48	49.27	41.21
77.03	11.72	894.42	41.70	
145.44	89.44	228.33	56.89	111.14
279.54	59.49	1054.83	77.33	21.64
151.62	78.05	327.44	110.10	7.61
88.50	73.87	606.72	85.05	18.95
111.18	2.72	238.46	71.64	26.95
31.68	1.47	39.71	12.23	8.70
40.28	1.69	270.31	62.53	18.11
130.58	6.04	578.93	66.57	37.50
52.75	5.08	158.78	62.92	39.53
153.98	7.35	706.17	114.05	20.65
14.09	0.09	403.10	15.99	1.07
695.52	6.88	568.27	213.49	41.65
163.12		748.53	82.66	16.39
77.13	0.89	286.93	81.34	24.55
517.71	0.87	23.81	70.32	24.85
1156.37		559.01	46.56	54.76

6-41　历年水利建

Newly-increased Benefits of Water

年份 Year	水库总库容 /亿立方米 Total Storage Capacity of Reservoirs /10⁸m³	耕地灌溉面积 /千公顷 Irrigated Area of Cultivated Land /10³ha	除涝面积 /千公顷 Drained Area /10³ha	发电装机容量 /千千瓦 Installed Capacity for Power Generation /10³kW	排灌装机容量 /千千瓦 Installed Capacity of Irrigation and Drainage Works /10³kW	供水能力 /万吨每日 Capacity of Water Supply /(10⁴t/d)
1992	19.13	90.53	116.67	391.00	67.40	
1993	11.48	78.48	133.89	182.50	42.90	
1994	7.61	94.09	77.23	392.90	23.80	
1995	42.23	174.89	28.30	388.20	66.80	
1996	14.95	158.03	29.43	355.30	90.60	450.44
1997	11.86	94.61	89.65	719.80	28.10	145.12
1998	28.15	187.01	57.67	749.00	102.3	456.57
1999	46.61	198.23	42.83	885.60	19.40	82.84
2000	183.62	126.86	49.69	2139.10	21.90	529.80
2001	31.96	191.41	28.51	1317.40	34.80	2939.65
2002	29.19	156.47	171.29	543.10	89.20	281.64
2003	5.83	146.99	11.67	368.60	544.00	871.31
2004	12.86	252.11	71.99	725.80	20.80	530.81
2005	112.64	98.65	74.62	794.40	47.30	398.36
2006	267.39	139.45	55.46	1146.16	28.46	349.78
2007	55.71	314.09	206.89	754.18	59.78	488.23
2008	44.37	275.44	223.66	701.04	79.39	333.69
2009	50.96	550.52	286.11	912.68	89.77	740.58
2010	32.88	355.59	441.76	905.81	102.38	509.43
2011	48.54	470.26	284.13	566.30	1034.99	876.18
2012	26.81	466.63	96.97	988.60	168.06	985.68
2013	19.08	382.06	189.45	1903.28	128.31	819.56
2014	30.38	300.27	255.01	1846.76	261.45	934.66
2015	26.26	702.44	244.13	1534.06	133.94	778.88
2016	84.79	754.54	306.09	1558.56	228.75	3190.13
2017	29.44	544.17	230.37	2295.73	416.21	1999.21
2018	50.68	814.32	541.51	3207.81	252.15	1991.52
2019	29.26	995.07	391.40	900.96	293.06	2844.34
2020	44.55	474.10	287.13	674.85	246.28	2753.51
2021	111.64	537.46	308.67	1437.24	458.47	3116.77

设新增效益
Projects Construction by Year

改善灌溉面积 /千公顷 Improved Irrigated Area /10³ha	改善除涝面积 /千公顷 Drained Area /10³ha	新建及加固堤防 /千米 Newly-built & Strengthened Embankment /km	水保治理面积 /千公顷 Recovered Area from Soil Erosion /10³ha	解决饮水困难人口 /万人 Population Access to Drinking Water /10⁴persons	饮水安全达标人口 /万人 Population with Safe Drinking Water /10⁴persons	节水灌溉面积 /千公顷 Water-saving Irrigated Area /10³ha
341.81	226.40					
219.92	419.77					
187.43	86.12					
251.04	309.10					
330.28	161.89					
283.51	140.24					
839.09	1279.70					
956.97	163.28	4545.91	1699.45	470.38		76.49
1484.52	529.17	5772.04	1118.41	1950.07		132.73
927.62	463.75	2693.61	1011.98	1245.44		245.81
1232.00	494.73	2918.24	1681.30	985.68		155.79
467.11	129.29	2246.61	1717.64	700.92		178.87
889.95	284.08	2726.91	635.29		1321.43	287.75
1121.20	383.39	2370.23	517.35		2478.28	310.37
1055.83	1015.16	1968.95	1261.41		2967.62	175.60
1845.54	449.49	2385.49	2090.95		5896.54	298.76
2230.19	477.20	3651.83	1041.65		6314.49	343.42
2061.10	1339.87	6900.63	2353.30		5151.23	424.31
3062.53	531.06	8265.39	1911.46		6761.47	615.19
2731.24	363.50	7441.02	1268.57		5696.34	1151.93
7371.00	2452.01	13678.22	2714.90		5580.84	728.61
3240.24	594.20	5824.10	2011.16		6708.63	1025.23
4505.97	996.96	8907.63	2346.34			1433.10
4914.00	1634.68	13678.22	1809.94			1504.56
7633.31	2767.23	11456.37	3487.43			2250.08
6195.17	1873.50	9317.64	3765.58			1054.57
5724.90	1334.87	10453.10	1937.57			528.45

6-42 2021 年水利建设

Newly-increased Benefits of Water

地区	Region	水库总库容 /亿立方米 Total Storage Capacity of Reservoirs /10⁸m³	耕地灌溉面积 /千公顷 Irrigated Area of Cultivated Land /10³ha	除涝面积 /千公顷 Drained Area /10³ha	发电装机容量 /千千瓦 Installed Capacity for Power Generation /10³kW	排灌装机容量 /千千瓦 Installed Capacity of Irrigation and Drainage Works /10³kW	供水能力 /万吨每日 Capacity of Water Supply /(10⁴t/d)
合 计	**Total**	**111.64**	**537.46**	**308.67**	**1437.24**	**458.47**	**3116.77**
北 京	Beijing						
天 津	Tianjin					1.90	84.20
河 北	Hebei		3.28				44.21
山 西	Shanxi	2.23	4.17		1.00	6.56	23.16
内蒙古	Inner Mongolia	0.08	0.17	0.14			0.47
辽 宁	Liaoning	0.68	2.39	6.72	9.95		52.13
吉 林	Jilin	35.93	3.46		24.90		12.90
黑龙江	Heilongjiang	0.45	8.00	71.16	2.20	0.78	96.16
上 海	Shanghai			21.10			
江 苏	Jiangsu		31.52	10.15	1.30	38.97	281.89
浙 江	Zhejiang	0.64	13.31	4.49	92.58	23.26	214.68
安 徽	Anhui	0.76	54.91	48.41	0.05	101.51	100.34
福 建	Fujian	2.46	9.81	33.06	0.13	4.49	149.21
江 西	Jiangxi	0.63	6.14	26.48	5.55	12.47	92.90
山 东	Shandong	0.71				6.04	70.98
河 南	Henan	0.77	140.83	37.67			60.74
湖 北	Hubei	27.91	25.72	12.25	918.00	3.40	569.64
湖 南	Hunan	0.13	15.05	1.88	28.22	1.25	166.38
广 东	Guangdong	2.41	1.25	4.14	21.17	9.50	132.60
广 西	Guangxi	8.93	60.39	3.06		169.61	185.89
海 南	Hainan	0.16	0.73				1.04
重 庆	Chongqing	1.54	11.81	6.77	27.96	7.00	112.38
四 川	Sichuan	1.79	51.17	0.30	0.01	0.06	69.93
贵 州	Guizhou	4.61	22.52	3.62	55.80		193.88
云 南	Yunnan	1.38	26.72	0.18	0.43	0.06	63.14
西 藏	Tibet	1.50	10.33	2.13			9.07
陕 西	Shaanxi	3.69	5.59	13.45	47.61	26.39	89.99
甘 肃	Gansu	0.03	7.59			45.24	67.18
青 海	Qinghai	3.66	4.33		5.03		14.38
宁 夏	Ningxia	0.13	0.77				32.18
新 疆	Xinjiang	8.47	15.52	1.53	195.36		125.15

新增效益（按地区分）

Projects Construction in 2021 (by Region)

改善灌溉面积 /千公顷 Improved Irrigated Area /10³ha	改善除涝面积 /千公顷 Drained Area /10³ha	新建及加固堤防 /千米 Newly-built & Strengthened Embankment /km	水保治理面积 /千公顷 Recovered Area from Soil Erosion /10³ha	节水灌溉面积 /千公顷 Water-saving Irrigated Area /10³ha
5724.90	1334.87	10453.10	1937.57	528.45
		7.21	27.91	
7.59	12.00	12.28	2.12	0.66
215.42	10.27	255.12	83.29	7.71
347.91	76.40	96.08	93.85	12.70
15.90	2.91	230.51	129.42	2.51
56.32	9.03	189.19	65.17	4.96
10.96		635.82	13.12	7.52
412.97	42.67	250.44	26.07	0.70
	3.00	205.20	68.22	
588.88	591.16	760.08	37.76	19.07
33.56	95.40	555.35	26.08	0.27
155.49	100.05	633.69	31.15	12.31
68.17	20.44	446.96	62.06	15.60
310.78	84.00	461.28	45.27	40.62
76.14	9.39	806.65	41.00	
96.98	90.06	171.85	47.09	97.57
249.58	57.75	102.25	76.08	17.02
137.48	22.21	272.72	110.10	0.89
83.33	77.21	230.19	85.05	2.80
59.07	2.46	211.52	71.64	29.95
7.33	1.47	39.71	12.23	8.70
31.39	1.29	262.86	60.75	17.91
127.98	5.99	535.29	66.57	35.36
58.88	5.19	155.75	59.79	41.21
81.82	6.47	447.41	105.32	9.22
17.87	0.09	379.48	7.33	2.68
618.97	6.48	564.62	212.12	27.04
150.10		756.48	78.85	16.39
53.93	0.61	263.16	81.34	24.55
497.05	0.87	23.78	67.58	17.79
1153.06		490.18	43.26	54.76

6-43 历年国家重大水利工程建设基金（三峡后续工作）计划投资

Planned Investment of the Construction Fund for National Major Water Resources Projects (the Follow-up Work of the Three Gorges Project) by Year

单位：万元   unit: 10⁴ yuan

年份 Year	计划投资 Planned Investment	年份 Year	计划投资 Planned Investment
2011	382643	2017	1076357
2012	670387	2018	497516
2013	945500	2019	618500
2014	664859	2020	836477
2015	1108150	2021	1130608
2016	888583	合计 Total	8819580

6-44 2021 年国家重大水利工程建设基金（三峡后续工作）

计划投资和投资完成（按项目类型分）

Planned and Completed Investments of the Construction Fund for National Major Water Resources Projects (the Follow-up Work of the Three Gorges Project) in 2021 (by Type)

单位：万元   unit: 10⁴ yuan

项目类型	Type of Project	计划投资 Planned Investment	完成投资 Completed Investment
合　计	Total	1130608	922947
1. 移民安稳致富和促进库区经济社会发展	Projects to ensure wealth of resettlement population and promote economic and social development in the reservoir area	563989	460742
2. 库区生态环境建设与保护	Projects for ecological environment restoration and protection	309343	267494
3. 库区地质灾害防治	Projects for geological hazard prevention and control	97951	71721
4. 三峡工程运行对长江中下游重点影响区的影响处理	Projects to reduce impact of operation of the Three Gorges Reservoir on the key affected areas in the middle and lower reaches of the Yangtze River	131965	98147
5. 三峡工程综合管理能力建设和综合效益拓展研究	Projects of capacity building for comprehensive management and benefit boosting	14155	11638
6. 其他	Others	13205	13205

6-45 2021年国家重大水利工程建设基金（三峡后续工作）计划投资和投资完成（按地区和部门分）

Planned and Completed Investments of the Construction Fund for National Major Water Resources Projects (the Follow-up Work of the Three Gorges Project) in 2021 (by Region and Department)

单位：万元   unit: 10⁴ yuan

项目类型 Type of Project		计划投资 Planned Investment	完成投资 Completed Investment
合 计	**Total**	**1130608**	**922947**
重 庆	Chongqing	791753	652751
湖 北	Hubei	244679	196437
上 海	Shanghai	2564	2564
江 苏	Jiangsu	3540	3540
浙 江	Zhejiang	3112	2875
安 徽	Anhui	2760	2231
福 建	Fujian	2407	1272
江 西	Jiangxi	16943	11297
山 东	Shandong	3442	2655
湖 南	Hunan	21546	12574
广 东	Guangdong	3071	2993
四 川	Sichuan	3615	1274
水利部	Ministry of Water Resources of the People's Republic of China	13205	13205
交通运输部	Ministry of Transport of the People's Republic of China	11965	11965
自然资源部	Ministry of Natural Resources of the People's Republic of China	1135	1135
中船集团	China State Shipbuilding Corporation	2743	2051
中国兵器	China North Industries Group Corporation Limited	2128	2128

主要统计指标解释

水利建设投资 指水利系统固定资产投资。主要包括水利系统基本建设投资、部分更新改造投资等，防洪岁修、小农水等财政投资未包括在内。

建设项目 指按照总体设计进行施工，由一个或若干个具有内在联系的工程组成的总体。基本建设项目指经批准在一个总体设计或初步设计范围内进行建设，经济上实行统一核算，行政上有独立的组织形式，实行统一管理的基本建设单位。

基本建设项目按规模分为大中型项目和小型项目，水利上基本建设项目大中型项目划分标准是：①水库，库容 1 亿立方米以上（包括 1 亿立方米，下同）；②灌溉面积，灌溉面积 50 万亩以上；③水电工程，发电装机 5 万千瓦以上；④其他水利工程，除国家指定外均不作为大中型项目。

建设阶段 指建设项目报告期所处的建设阶段，可分为以下几个阶段。

（1）筹建项目：指正在进行前期工作尚未正式施工的项目。

（2）施工项目：指报告期内开展过建筑或安装施工活动的项目。

（3）本年正式施工项目：指本年正式开展过建筑或安装活动的建设项目。

（4）本年新开工项目：指报告期内新开工的建设项目。

（5）本年续建项目：指本年以前已经正式开工，跨入本年继续进行建筑安装和购置活动的建设项目。

（6）建成投产项目：指报告期内按设计文件规定建成主体工程和相应配套的辅助设施，形成生产能力或工程效益，经过验收合格，并且已正式投入生产或交付使用的建设项目。

（7）本年收尾项目：指以前年度已经全部建成投入生产或交付使用，但尚有少量不影响正常生产和使用的辅助工程或生产性工程在报告期继续施工的项目。

（8）停缓建项目：指根据国民经济宏观调控及其他原因，经有关部门批准停止建设或近期内不再建设的项目。停缓建项目分为全部停缓建项目和部分停缓建项目。

1）全部停缓建项目是指经有关部门批准不再建设或短期内整个项目停止建设的项目。

2）部分停缓建项目是指建设项目仍在施工，但其中的部分单项工程经有关部门批准停止或近期内不再建设

并已停止施工的项目。报告期部分停缓建项目仍应作为施工项目统计。

（9）全部竣工项目：指整个建设项目按设计文件规定的主体工程和辅助、附属工程全部建成，并已正式验收移交生产或使用部门的项目。

建设性质 基本建设项目的建设性质根据整个建设项目的情况确定，分为以下几种。

（1）新建：一般是指从无到有、"平地起家"开始建设的项目。

（2）扩建：指为扩大原有产品的生产能力（或效益）或增加新的产品生产能力而增建的项目。

（3）改建：指对原有设施进行技术改造或更新的项目。

（4）单纯建造生活设施：指在不扩建、改建生产性工程和业务用房的情况下，单纯建造生活设施的项目。

（5）迁建：指为改变生产力布局或由于城市环境保护和安全生产的需要等原因而搬迁到另地建设的工程。

（6）恢复：指因自然灾害、战争等原因，使原有的固定资产全部或部分报废，以后又投资恢复建设的项目。

（7）单纯购置：指现有企业、事业、行政单位单纯购置不需要安装的设备、工具、器具，而不进行工程建设的项目。

隶属关系 基本建设项目按建设单位直属或主管上级机关确定。

隶属关系分为中央、省（自治区、直辖市）、地区（州、盟、省辖市）、县（旗、县级市、市辖区）和其他五大类。

（1）中央：指中共中央、人大常委会和国务院各部、委、局、总公司以及直属机构直接领导和管理的基本建设项目和企业、事业、行政单位。这些单位的固定资产投资计划由国务院各部门直接编制和下达，建设中所需要的统配物资和主要设备以及建设中的问题都由中央有关部门安排和解决。

（2）省（自治区、直辖市）：由省（自治区、直辖市）政府及业务主管部门直接领导和管理的基本建设项目和企业、事业、行政单位。

（3）地区（州、盟、省辖市）：由地区、自治州、盟、省辖市直接领导和管理的基本建设项目和企业、事

业、行政单位。

（4）县（旗、县级市、市辖区）：由县、自治旗、县级市、市辖区直接领导和管理的基本建设项目和企业、事业、行政单位。

（5）其他：不隶属以上各级政府及主管部门的建设项目和企业、事业单位，如外商投资企业和无主管部门的企业等。

Explanatory Notes of Main Statistical Indicators

Investment for water project construction Investment of fixed assets in the water sector, which mainly refers to the investment of basic water infrastructures and some rehabilitation projects, but excludes annual maintenance of flood control works and financial allocation to small irrigation, drainage and rural water supply schemes.

Construction project A project, enclosing one or more interdependent components, is implemented in accordance with overall design. Capital construction project refers to the approved scheme constructed according to overall design or within the scope of preliminary design, which is under one accounting system and unified management, and has an independent organization.

Capital construction project can be divided into large or medium project and small project according to its scale. The criteria of identifying large and medium water projects are: ① reservoir, installed capacity is over 100 million m^3 (including 100 million m^3, hereinafter the same); ② irrigated area, irrigated area is over 500 thousand mu; ③ hydropower project, installed capacity is over 50,000 kW; ④ other water projects, specially designated by the state.

Construction phrase It refers to stages of project construction during the period of report. The projects are divided as following in accordance with construction phases:

(1) Preparation: the project that is conducting preparatory work and has not formally been constructed.

(2) Construction project: the project that is under construction or installation during the report period.

(3) Construction project of the year: the project that has formally started construction or installation in the statistical year.

(4) Newly started project of the year: the construction project that is newly initiated in the statistical year.

(5) Continued project of the year: the project that has formally started and continued construction, installation and purchase activities in the statistical year.

(6) Completed investment project: key parts of the project and supporting facilities have passed check and acceptance and been formally put into operation or use in the statistical period.

(7) Nearly-completed project of the year: the project has completed construction and placed into operation, but several supporting facilities that do not affect the normal production and utilization continue to be constructed in the statistical period.

(8) Stopped or postponed project: the project is being asked to stop or postpone due to national macroeconomic regulation and control or other reasons with the approval of relevant department. The stopped or postponed projects can be divided into completely stopped or postponed project and partially stopped or postponed project.

1) Complete stopped or postponed project refers to the project that no longer constructed or will not be constructed in a short period of time, according to the approved of the relevant department.

2) Partial stopped or postponed project refers to the project that still under construction, but part of the project is no longer constructed or will not be constructed in a short period of time, according to the approval of the relevant department. Stopped or postponed project should be included in the statistical data as construction project.

(9) Fully-completed project: the project that has completed the key parts and supporting facilities of the project according to the design, and has passed check and acceptance and transferred to production or user for operation.

Construction type The types of infrastructures are identified and divided based on features of the constructed project:

(1) Newly-constructed project: It refers to the project being constructed by a newly-established enterprise, non-governmental agency, governmental agency or independent organ.

(2) Expanded construction: It refers to the project in order to expand the existing production capacity (or benefit) or production capacity of new product.

(3) Rehabilitation project: It refers to the project of an enterprise or non-governmental agency conducting technical rehabilitation or re-modernization.

(4) Construction of living facilities: It refers to the project of projects without expansion or rehabilitation of existed production or office buildings.

(5) Relocated construction: It refers to the relocation of projects to other places due to the change of production pattern, requirement of urban environment protection or safe production.

(6) Recovery construction: It refers to the project of an project to make investment on recovery construction because of natural disaster or war that completely or partially destroys its fixed assets.

(7) Procurement only: It refers to the project of an enterprise, non-governmental agency or governmental agency to purchases equipment, tool or instrument only, without installation or construction.

Administrative subordination of project Capital construction project is divided into groups according to the administrative region of the organization in charge of the project.

Five categories are formed on the basis of administrative regions of the project: Central Government, province (autonomous region, municipality directly under the central government), prefecture (autonomous district, municipality directly under the provincial government), county (autonomous county, county-level municipality) and others.

(1) Central Government project: It refers to capital

construction project, enterprise, non-governmental agency or governmental agency directly under administration or management of the Central Committee of Chinese Communist Party, Standing Committee of Chinese People's Congress, or ministries, commissions, bureaus under the State Council and parent companies. The investment plan of fixed assets of these entities are directly worked out and transmitted by the relevant departments under the State Council; allocated materials or equipment for construction are arranged by the relevant Central Government departments.

(2) Province (autonomous region, municipality directly under the central government) project: It refers to capital construction project, enterprise, non-governmental agency or governmental agency directly under administration and management of provincial governments (autonomous region, municipality directly under the central government) or competent department directly in charge.

(3) Prefecture (autonomous district, municipality directly under the provincial government) project: It refers to capital construction project, enterprise, non-governmental agency or governmental agency directly under administration and management of government of prefecture, autonomous district or municipality directly under the provincial government.

(4) County (autonomous county, county-level municipality) project: It refers to capital construction project, enterprise, non-governmental agency or governmental angecy directly under administration and management of government of county, autonomous county or county-level city.

(5) Others: It refers to capital construction project, enterprise, non-governmental agency or governmental agency outside the scope of administration and management of government agencies mentioned above, such as foreign investment enterprise or enterprise without supervised agency.

7 农村水电

Rural Hydropower

简　要　说　明

农村水电统计资料主要包括小水电站和设备建设情况、水力发电设备容量和发电容量、输变配电设备情况等。主要按地区分组汇总。

自 2008 年起农村水电电站由以往水利系统水电变更为装机 5 万千瓦及 5 万千瓦以下水电。

2008 年以前水利系统水电统计包括水利系统综合利用枢纽电站数据等。

2016 年始，由于报表制度调整，农村水电电网供电和农村水电的县通电情况等不纳入统计；2018 年始，不再统计年末输变配电设备。

Brief Introduction

Statistical data of rural hydropower development mainly includes construction of small hydropower stations and utilities, installed capacity and output of hydropower generating units, electricity transmission and distribution facilities, etc. The data is divided into groups according to the region.

The data of rural hydropower development is collected on the basis of installed capacity of hydropower at 50,000 kW and below 50,000 kW since 2008.

The data collected before 2008 includes multi-purpose dam projects.

Electricity supply of rural power network and counties with electricity generated by hydropower has not been included in the statistics since 2016. Installed power transmission and distribution equipment at the end of the year has not been included in the statistics since 2018.

7-1 历年农村水电装机容量及年发电量
Installed Capacity and Power Generation of Rural Hydropower by Year

年份 Year	农村水电装机容量 /千瓦 Installed Capacity of Rural Hydropower /kW	农村水电年发电量 /万千瓦时 Annual Electricity Generation of Rural Hydropower /10⁴ kWh	农村水电新增装机容量 /千瓦 Newly-increased Installed Capacity /kW
2004	34661348	9779541	3591322
2005	38534445	12090340	4127272
2006	43183551	13612942	5459520
2007	47388997	14370080	4593193
2008	51274371	16275901	4194106
2009	55121211	15672470	3807072
2010	59240191	20444258	3793551
2011	62123430	17566867	3277465
2012	65686071	21729246	3399616
2013	71186268	22327711	2460601
2014	73221047	22814929	2553873
2015	75829591	23512813	2412664
2016	77910629	26821937	2032270
2017	79269995	24772495	1353020
2018	80435263	23456083	1643058
2019	81441588	25331502	1071975
2020	81338072	24236893	806662
2021	82903194	22411119	311545

注　2013 年农村水电统计数据与全国第一次水利普查数据进行了校核。
Note　Statistical data of rural hydropower in 2013 is checked in accordance with the First National Census on Water.

7-2 2021年农村水电装机容量及年发电量（按地区分）

Installed Capacity and Power Generation of Rural Hydropower in 2021 (by Region)

地区	Region	农村水电装机容量 /千瓦 Installed Capacity of Rural Hydropower /kW	农村水电年发电量 /万千瓦时 Annual Electricity Generation of Rural Hydropower /10⁴ kWh	农村水电新增装机容量 /千瓦 Newly-increased Installed Capacity /kW
合　　计	Total	82903194	22411119	311545
北　　京	Beijing	2990	656	
天　　津	Tianjin	5800	1728	
河　　北	Hebei	354137	79583	1580
山　　西	Shanxi	188528	39394	
内 蒙 古	Inner Mongolia	105275	37098	2500
辽　　宁	Liaoning	469440	98229	3460
吉　　林	Jilin	610620	132858	
黑 龙 江	Heilongjiang	430515	131798	20500
江　　苏	Jiangsu	48820	8780	
浙　　江	Zhejiang	4178340	948450	
安　　徽	Anhui	1136629	298213	
福　　建	Fujian	7578102	1598297	
江　　西	Jiangxi	3575469	803208	
山　　东	Shandong	63507	6247	
河　　南	Henan	439648	75144	
湖　　北	Hubei	3866626	930525	
湖　　南	Hunan	6526848	2000439	
广　　东	Guangdong	7822335	1204693	21225
广　　西	Guangxi	4706843	1296463	56085
海　　南	Hainan	475170	99644	
重　　庆	Chongqing	3003940	1013491	18700
四　　川	Sichuan	12790997	3606386	3350
贵　　州	Guizhou	3893373	1220772	4800
云　　南	Yunnan	12404460	3816835	58500
西　　藏	Tibet	399005	123910	
陕　　西	Shaanxi	1516235	535272	94260
甘　　肃	Gansu	3081673	1068327	17785
青　　海	Qinghai	1040994	260094	
宁　　夏	Ningxia	4000	545	
新　　疆	Xinjiang	1731230	794250	8800
新疆生产建设兵团	Xinjiang Production and Construction Corps	450645	142887	
部 直 属	Organization Directly under the Ministry	1000	36900	

7-3 历年年末输变配电设备

Installed Power Transmission and Distribution Equipment at the End of the Year by Year

年份 Year	变电所总容量 /千伏安 Total Storage Capacity of Switchyard /kVA	变压器总容量 /千伏安 Total Storage Capacity of Transformer /kVA	高压线路 /千米 High-pressure Transmission Line /km	低压线路 /千米 Low-pressure Transmission Line /km
2002	50779480	58628453	1020018	2158102
2003	54580398	61844457	1082549	2334065
2004	63583050	67770640	1110746	2470468
2005	70161609	71325744	1119668	2490911
2006	30403474	29645661	476642	965547
2007	41942477	39162242	609663	1321037
2008	42121613	37266114	563907	1260067
2009	42465559	34629678	515040	1116782
2010	48378124	37083012	540715	1152621
2011	52798271	37431610	534737	1108602
2012	49104574	36155250	510633	1155394
2013	54242934	40383122	531871	1202218
2014	49372795	41496064	491765	1124543
2015	49818716	43016152	485786	1110845
2016	60857078	49709565	404455	725762
2017	63434297	51274852	415655	776391

7-4 历年新增输变配电设备

Newly-increased Power Transmission and Distribution Equipment by Year

年份 Year	变电所总容量 /千伏安 Total Storage Capacity of Switchyard /kVA	变压器总容量 /千伏安 Total Storage Capacity of Transformer /kVA	高压线路 /千米 High-pressure Transmission Line /km	低压线路 /千米 Low-pressure Transmission Line /km
2002	5642849	5362828	75801	260248
2003	6623092	5821911	80241	178433
2004	9819672	7682270	57380	312806
2005	8327685	6294266	43492	58650
2006	3875365	4193753	19872	77041
2007	5227365	3199561	23204	69539
2008	6051940	2195958	21749	116773
2009	5842525	2717898	26318	44557
2010	5913300	2984107	34020	81892
2011	7798387	3492278	33210	28179
2012	4034821	2572882	15556	34248
2013	6010195	4426062	24902	42523
2014	4460596	5379577	27707	37693
2015	4717816	4549311	16604	30058
2016	4968430	5953203	17115	31991
2017	4135749	3185347	24399	71846

7-5 历年农村水电电网供电情况
Electricity Supply of Rural Power Network by Year

年份 Year	网内发电设备容量 /千瓦 Storage Capacity of Generation Equipment /kW	网内发电量 /万千瓦时 Power Generation /10⁴kWh	厂用电量 /万千瓦时 Electricity Used by Power Plant /10⁴kWh	售电量 /万千瓦时 Electricity Sale /10⁴kWh	购入网外电量 /万千瓦时 Off-grid Procurement of Electricity /10⁴kWh	输出网外电量 /万千瓦时 Sale of Electricity to other Grids /10⁴kWh
2003	19665229	7018970	170814	10725979	5150140	1980698
2004	21427078	7318308	197545	12011519	6011657	2023133
2005	19179004	6988869	151286	10662175	4865026	2024130
2006	14510485	5235694	104777	8152497	3776703	1707433
2007	16851722	5917131	105143	9334458	4323730	2122614
2008	9482546	5898658	109533	9437153	3735951	1321324
2009	8038590	3905598	99262	7392290	3941988	898184
2010	8324694	4873957	73797	8795146	179935	998791
2011	15947576	5164218	80822	9351381	5012174	1223749
2012	10372392	6184473	108900	11186815	5840687	1705095
2013	18582052	6332882	102442	12097288	6716591	2173555
2014	9988310	5348414	57717	10562712	5272015	2536073
2015	9408566	5585158	56156	9844554	4934788	1441345

7-6　历年有农村水电的县通电情况

Counties with Electricity Generated by Hydropower by Year

年份 Year	乡（镇）Township (Town)		居民 Residents		
	行政区划数 /个 Administrative Regions /unit	农村水电网联网乡（镇） /个 Townships Connected with Rural Electrification Network/unit	总户数 /户 Total Household /household	户通电率 /% Percentage of Household Access to Electricity /%	无电人口 /人 Population Without Access to Electricity /person
2003	26704	10141	182856700	98.44	8171995
2004	25886	10269	187390297	98.85	6572018
2005	25201	8488	188151249	99.14	5356596
2006	24343		194455879	99.30	
2007	23936		198154188	99.48	
2008	24269	5793	207980548	99.60	3080048
2009	24071	5048	211655947	99.69	2280140
2010	24039	4625	213874537	99.75	1947594
2011	24290	4962	214692370	99.74	2114089
2012	24259	5238	216934295	99.83	1555275
2013	24297	5245	222024353	99.89	1089860
2014	24304	4912	222818690	99.90	961006
2015	24192	4788	229489919	100.00	

7-7　历年农村水电完成投资情况

Completed Investment for Electricity Supply by Rural Power Network and by Year

单位：万元　　　　　　　　　　　　　　　　　　　　　　　　　　　　　　　　　　unit: 10^4yuan

年份 Year	本年完成投资 Completed Investment	按投资项目分 Investment Project	
		水电站完成投资 Completed Investment of Hydropower Stations	电网完成投资 Completed Investment of Powernetwork
2004	3770733	2395294	748682
2005	4542611	2886399	825960
2006	5527074	3285663	549537
2007	5227667	3150741	445008
2008	4568885	3100831	433642
2009	4563241	2552378	462314
2010	4398453	2297360	603041
2011	4243988	2350049	590677
2012	3671548	2384853	501288
2013	3457047	1981562	649457
2014	3171306	2542329	628977
2015	3082736	2442739	639997
2016	2493935	1647883	846052
2017	1999937	1447422	552516
2018	1000907	193776	125445
2019	709753	709753	
2020	585684	585684	
2021	331886	331886	

注　由于统计制度变化，自 2014 年起"完成投资"统计项只包括装机 5 万千瓦及 5 万千瓦以下的水电站及其配套电网的投资资金。

Note　Due to changes in the statistical system, the data of "completed investment" only includes investment and fundings for hydropower stations with installed capacity at and below 50,000 kW and their supporting powernetwork since 2014.

7-8 2021年各地区农村水电完成投资情况（按地区分）

Completed Investment for Electricity Supply by Rural Power Network in 2021
(by Region)

单位：万元   unit: 10⁴yuan

地区 Region		本年完成投资 Completed Investment	按资金来源分 Financial Resources			
			中央财政资金 Central Government Fundings	地方财政资金 Local Government Fundings	银行贷款 Bank Loan	其他 Others
合 计	**Total**	**331886**	**6001**	**73753**	**2852**	**249281**
北 京	Beijing					
天 津	Tianjin					
河 北	Hebei	4758				4758
山 西	Shanxi	4680	80	700		3900
内 蒙 古	Inner Mongolia					
辽 宁	Liaoning	330		330		
吉 林	Jilin					
黑 龙 江	Heilongjiang					
江 苏	Jiangsu					
浙 江	Zhejiang	25257	278	22144		2834
安 徽	Anhui					
福 建	Fujian	23702		23443		259
江 西	Jiangxi	620		620		
山 东	Shandong					
河 南	Henan					
湖 北	Hubei	61845				61845
湖 南	Hunan	11163	1100	410		9653
广 东	Guangdong	9662	141	4389		5132
广 西	Guangxi					
海 南	Hainan					
重 庆	Chongqing	18937	3493	872		14572
四 川	Sichuan					
贵 州	Guizhou	55720		17444		38276
云 南	Yunnan					
西 藏	Tibet					
陕 西	Shaanxi	22510			2852	19658
甘 肃	Gansu					
青 海	Qinghai					
宁 夏	Ningxia					
新 疆	Xinjiang	92703	909	3400		88394
新疆生产 建设兵团	Xinjiang Production and Construction Corps					
部 直 属	Organization Directly under the Ministry					

主要统计指标解释

农村水电　以小水电站为主体，直接为农村经济社会发展服务的水电站及供电网络。

发电量　电厂（发电机组）在报告期内生产的电能量。

售电量　电力企业出售给用户或其他电力企业的用于消费或生产的电量。

Explanatory Notes of Main Statistical Indicators

Rural hydropower　It refers to hydropower stations and power supply networks that directly serve for social and economic development in rural areas, and most of which are small hydropower stations.

Power generation　Electricity produced by power plants (electricity generating units) in the report period.

Electricity sale　The quantity of electricity sold by electricity enterprises to the users or other electricity enterprises for consumption.

8 水文站网

Hydrological Network

简 要 说 明

水文站网主要按水文测站类别、监测方式、观测项目类别分类分别统计水文站、水位站、雨量站、地下水站、水质站、墒情站等水文测站的情况，以及从业人员和经费等。

本部分资料按流域所属机构和地区分组。历史资料汇总 1949 年至今数据。

1. 水文测站类别包括水文站、水位站、雨量站、蒸发站、地下水站、水质站、墒情站、实验站。

2. 监测方式包括驻测、巡测、巡驻结合、间测、人工观测/监测、自动监测、委托观测等。

3. 观测项目类别包括流量、水位、泥沙、降水量、蒸发、比降、冰情、水温、地下水、地表水水质、水生态、墒情、水文调查、辅助气象等。

Brief Introduction

Hydrological network is classified according to the types of hydrological measurement stations, monitoring methods and measuring items, and is used to collect data of hydrological stations, gauging stations, precipitation stations, groundwater monitoring stations, water quality stations and moisture stations, as well as working staff and expenses.

The data is divided into several groups based on organization and region where river basin is located. Historical data is collected from 1949 to present.

1. The types of hydrological measurement stations includes hydrological station, gauging station, precipitation station, evaporation station, groundwater monitoring station, water quality station, moisture station, experiment station.

2. Monitoring methods include perennial stationary gauging, tour gauging, stationary and mobile gauging, interval gauging, manual observation/monitoring, automatic gauging and contract gauging.

3. Measuring items include flow, water level, sediment, precipitation, evaporation, gradient, ice condition, water temperature, groundwater/surface water quality, water ecology, moisture, hydrologic investigation, auxiliary meteorology and so on.

8-1 历年水文站网、职工人数和经费

Hydrological Network, Employees and Expenses by Year

年份 Year	水文站 Hydrological Station	水位站 Gauging Station	雨量站 Precipitation Station	蒸发站 Evaporation Station	墒情站 Soil Moisture Station	地下水站 Ground water Station	水质站 Water Quality Station	实验站 Experiment Station	报汛站/处 Hydrometric Station /unit	职工人数/人 Number of Employee /person	事业费 Operating Expenses	基建费 Cost of Construction
				水文站网/处 Hydrological Network/unit							经费/万元 Expenses/10⁴ yuan	
1949	148	203	2							756	1.9	
1950	419	425	234					1	386	1892	68.9	
1951	796	701	1145					8	685	4208	388.7	
1952	933	831	1554					3	875	5811	550.7	
1953	1059	1006	1754					8	1173	7292	813.8	
1954	1229	1132	1973					9	1652	8589	1134.5	
1955	1396	1205	2337					11	1962	10312	1581.1	
1956	1769	1449	3371					24	2251	13952	2156.8	
1957	2023	1500	3695					41	2778	14167	2304.8	
1958	2766	1308	5494					132	3548	13806	2174.6	
1959	2995	1338	5487					282	4922	16861	2322.5	
1960	3611	1404	5684					318	6013	16867	2470.3	
1961	3402	1252	5587					149	5102	17266	1740.1	
1962	2842	1199	5980					104	5049	15524	1909.4	
1963	2664	1096	6178					96	5051	16862	1881.0	
1964	2692	1116	7252					90	5058	19424	2064.7	
1965	2751	1129	7909					88		19520	2022.0	
1966	2883	1155	10280					49	4838	18369	3174.8	470.4
1967	2681	1127	9477					82	6133	18272	2881.5	269.0
1968	2559	1048	9500					67	5403	18405	2638.3	221.7
1969	2579	1101	10173					32	5390	17661	2846.8	194.9
1970	2663	1144	10154					37	5501	16866	2874.0	229.7
1971	2727	1191	10486					38	6294	17038	2837.7	343.8
1972	2674	1071	10356					62	5576	17516	3200.0	443.1
1973	2690	1329	10447			1322	134	52	6629	17902	2824.2	671.5
1974	2778	1349	11416			3702	80	31	6110	18170	2886.0	812.3
1975	2840	1196	10738			7681	520	24	6949	19180	3193.9	869.3
1976	2882	1336	11855			6858	663	29	8563	19981	3432.3	1215.0
1977	2917	1326	12817				609	26	8369	20886	3661.5	1118.5

注 1. 表中 1949—1965 年经费统计为事业费和基建费之和。

2. 1958—1964 年实验站数的统计中均包括了部分径流站。

3. 1960 年水文站数为年报统计数，偏大。经查核，水文年鉴刊布有流量资料的为 3365 站，年报数仅供参考。

4. 1957—1965 年测站数中包括水利（电）勘测部门的站。

5. 1959—1965 年水文职工数中包括水利（电）勘测部门的水文工作人员。

6. 水文站数据含外部门管理的处数。

Notes 1. No separate statistical data of operating expenses and cost of construction are given for the data during 1949-1965.

2. The statistics of experiment stations during 1958-1964 includes only some runoff stations.

3. The number of hydrological stations in 1960 is estimated based on the Annual Report. After recheck, the stations with runoff data in the Hydrology Year book are 3,365 and the data of Annual Report is for reference only.

4. Observation stations during 1957-1965 include stations under water (power) reconnaissance and design institutions.

5. Employees of hydrological stations during 1959-1965 include hydrological engineers and workers in water (power) reconnaissance and design institutions.

6. Hydrological stations include those under the management of others despite of water department.

8-1 续表 continued

年份 Year	水文站网/处 Hydrological Network/unit								报汛站 /处 Hydrometric Station /unit	职工人数 /人 Number of Employee /person	经费/万元 Expenses/10⁴ yuan	
	水文站 Hydrological Station	水位站 Gauging Station	雨量站 Precipitation Station	蒸发站 Evaporation Station	墒情站 Soil Moisture Station	地下水监测站 Groundwater Monitoring Station	水质站 Water Quality Station	实验站 Experiment Station			事业费 Operating Expenses	基建费 Cost of Construction
1978	2922	1320	13309			11326	758	33	9010	21571	4293.7	1413.4
1979	3034	1202	14424			12992	681	45	8265	22856	7432.3	1889.1
1980	3294	1320	15732			16112	747	53	8731	24374	7562.1	1701.7
1981	3341	1317	15969			13343	848	57	8646	26240	7805.1	1085.2
1982	3401	1373	16437				1209	60	8369	27076	8182.9	1374.2
1983	3418	1413	16545			12487	1024	60	8401	27744	8621.0	1677.7
1984	3396	1425	16734			12134	977	63	8418	28316	9942.0	1669.0
1985	3384	1420	16406			12188	1011	63	8381	28426	10910.9	1959.9
1986	3400	1380	16697			11893	1648	58	8583	28549	12581.9	2405.7
1987	3397	1316	16448			11880	1946	56	8539	28793	12863.8	2447.5
1988	3450	1263	16273			13948	1846	64	8843	28516	14201.0	2715.3
1989	3269	1258	15605				58		8617	28257	15583.4	2645.6
1990	3265	1178	15602				2052	61	8604	28065	17233.2	4189.7
1991	3238	1201	15356			13523	2113	60	8482	28211	21285.0	5378.4
1992	3172	1149	15368			11400	2327	56	8525	28202	22725.8	6476.0
1993	3099	1156	15505					48	7485	27439	23981.0	6469.3
1994	3090	1148	14202			11807	1944	66	7423	27278	34160.9	7729.7
1995	3039	1158	14613			11518	1839	69	7165	26404	35347.0	11312.0
1996	3006	1107	14158			11179	2401	61	6987	26555	36321.0	12744.7
1997	3040	1093	14191			10874	2572	128	7296	26118	40386.3	14049.7
1998	3683	1084	13910			11509	2694	129	7484	25929	64311.5	15372.1
1999	3657	1079	13855			11528	2753	125	7584	25238	63628.5	15115.7
2000	3124	1093	14242			11768	2861	81	7559	25146	78514.3	24346.4
2001	3146	1084	14337			11786	3025	75	7716	25180	90125.6	30209.0
2002	3130	1073	14454			11620	3228	74	7893	25436	114414.0	31307.0
2003	3158	1135	14196			12116	3695	80	7648	25640	139392.0	26230.0
2004	3182	1134	14108			11757	3946	70	7595	25906	133830.0	31515.0
2005	3191	1160	14373			12313	4557	69	7815	26133	152446.0	22673.0
2006	3183	1180	13866	13		12598	5140	78	8220	26654	170812.0	45421.0
2007	3162	1221	14211	17		12551	5468	90	8561	26237	199286.0	43031.0
2008	3171	1244	14602	17		12683	5668	51	9678	26480	237430.0	56371.0
2009	3183	1407	15750	11	780	12522	6097	49	10294	26438	283268.0	59182.0
2010	3193	1467	17245	12	1182	12991	6535	57	12786	26366	295179.0	75445.0
2011	3219	1523	19082	19	1648	13489	7750	53	12444	26270	366162.0	338178.0
2012	3592	5317	35637	11	1808	13726	10030	58	16469	26211	394928.0	381950.0
2013	4011	9330	43028	14	1912	16407	11795	57	24518	26236	455736.0	404537.0
2014	4882	9890	46980	21	1927	16990	12869	58	43539	25856	534921.0	243395.0
2015	5706	11180	49403	14	1856	16800	14560	56	45863	25827	564076.0	257923.0
2016	6766	12591	51084	14	1989	16967	14499	52	51596	25570	607308.0	145483.0
2017	7102	13579	54477	19	2751	19147	16123	47	59104	25647	701768.0	88868.0
2018	7253	13625	55413	19	3908	26550	14286	43	66439	25622	765582.0	100460.0
2019	7645	15294	53908	12	3961	26020	12712	56	66956	25462	840839.0	129179.0
2020	7757	16068	53392	8	4218	27448	10962	61	71177	25416	819318.0	140744.0
2021	7891	17485	53239	9	4487	26699	9621	60	70261	25516	814201.0	214807.0

8-2 2021 年水文站网（按地区分）
Hydrological Network in 2021 (by Region)

单位：处   unit: unit

地区 Region	合计 Total	国家基本水文站 National Basic Hydrological Station 水文部门管理国家基本水文站 Basic Hydrological Station Managed by Hydrological Department 合计 Total	测量水体 Installed Position 河道 River Course	水库 Reservoir	湖泊 Lake	感潮 Lake Flow	渠道 Canal	监测方式 Monitoring Method 驻测站 Staff Gauge Station	巡测站 Mobile Gauging Station without Permanent Staff	巡驻结合 Stationary and Mobile Gauging	其中：间测站 Among Which: Gauging Station for Interval Measurement	其中：委托观测站 Among Which: Contracted Observation Station	其中：自动监测站 Among Which: Automatic Monitoring Station	非水文部门管理的国家基本水文站 National Basic Hydrological Station Managed by Non-hydrological Departments
合 计 Total	3293	3221	2702	217	28	109	165	1635	760	826	117	176	812	72
北 京 Beijing	61	61	43	18				46	15			43	61	
天 津 Tianjin	29	23	21			2		18	5					6
河 北 Hebei	136	135	113	20	2					135				1
山 西 Shanxi	68	67	57	10				67					67	1
内蒙古 Inner Mongolia	148	143	142	1				137		6			1	5
辽 宁 Liaoning	123	102	101	1						102		2	14	21
吉 林 Jilin	108	108	102	6						108				
黑龙江 Heilongjiang	120	120	110	10				46	47	27	3	34		
上 海 Shanghai	12	12				12		3	9				9	
江 苏 Jiangsu	158	158	49	6	1	54	48	147	5	6	30	10	20	
浙 江 Zhejiang	95	87	83			4		77	6	4		22	95	8
安 徽 Anhui	112	105	55	10	1	2	37	59	4	42	5		30	7
福 建 Fujian	57	55	54	1				55					54	2
江 西 Jiangxi	119	119	119					45	60	14			28	
山 东 Shandong	157	157	92	38			27	101	33	23	12	4	11	
河 南 Henan	126	126	87	25			14	88		38			17	
湖 北 Hubei	93	93	62	11			20	58	35			3	5	5
湖 南 Hunan	113	113	112	1				86	27				19	
广 东 Guangdong	86	80	73	4		3		34	31	15	1	13	30	6
广 西 Guangxi	149	149	146	2		1		56	93		24		95	
海 南 Hainan	13	13	11	2				13						
重 庆 Chongqing	31	31	31						9	22			9	
四 川 Sichuan	144	144	144					17	107	20	17			
贵 州 Guizhou	104	104	104					10	40	54			26	
云 南 Yunnan	180	180	170	4	6			60	47	73	1	12	40	
西 藏 Tibet	48	48	47			1		21	26	1		23	6	
陕 西 Shaanxi	81	81	81					81					19	
甘 肃 Gansu	95	95	83	12				70	8	17	7	10	4	
青 海 Qinghai	35	35	35					33	2				6	
宁 夏 Ningxia	39	29	20				9	3		26			22	10
新 疆 Xinjiang	130	130	120	6			4	104	15	11			12	
新疆生产建设兵团 Xinjiang Production and Construction Corps	18	18	12	6				18						
长江委 Yangtze River Water Resources Commission	121	121	74	20	17	9	1	29	67	25	12		20	
黄 委 Yellow River Water Resources Commission	121	118	118					46	23	49			63	3
淮 委 Huaihe River Water Resources Commission	1	1	1					1						
海 委 Haihe River Water Resources Commission	15	15	8	3			4	13	2					
珠江委 Pearl River Water Resources Commission	28	28	7			21		8	20				21	
松辽委 Songliao River Water Resources Commission	11	9	9						1	8				2
太湖局 Taihu Basin Authority	8	8	6			1	1	3	5				8	

8-2 续表 continued

地区	Region	基本水位站 Basic Hydrological Station									基本雨量站 Basic Rain Gauging Station					
		合计 Total	测量水体 Installed Position					监测方式 Monitoring Method		其中:委托观测站 Among Which: Contracted Observation Station	合计 Total	其中 Among		监测方式 Monitoring Method		其中:委托观测站 Among Which: Contracted Observation Station
			河道 River Course	水库 Reservoir	湖泊 Lake	感潮 Lake Flow	渠道 Canal	人工观测 Manual Observation	自动监测 Automatic Monitoring			常年 Perennial	汛期 Flood Season	人工观测 Manual Observation	自动监测 Automatic Monitoring	
合 计	Total	1110	728	79	96	166	41	38	1072	478	14671	13348	1323	4	14667	7784
北 京	Beijing										121	121			121	114
天 津	Tianjin	2	2						2	2	29	11	18		29	29
河 北	Hebei	15	4	4	7			15		15	935	702	233		935	935
山 西	Shanxi										739	669	70		739	739
内 蒙 古	Inner Mongolia	10	3	1	6				10		490	441	49		490	256
辽 宁	Liaoning	9	6			3			9		435	300	135		435	
吉 林	Jilin	11	11						11		283	197	86		283	282
黑 龙 江	Heilongjiang	41	37	2	2			1	40		498	450	48		498	454
上 海	Shanghai	41	16			25			41	13	11	11			11	2
江 苏	Jiangsu	138	97	5	12	9	15	3	135	96	236	236			236	194
浙 江	Zhejiang	138	100		2	34	2		138	59	486	486			486	245
安 徽	Anhui	61	27	1	15	2	16		61	51	626	626			626	
福 建	Fujian	43	32			11			43		411	411			411	411
江 西	Jiangxi	46	39		7				46		842	842			842	
山 东	Shandong	9	1		5	3			9	9	671	352	319		671	671
河 南	Henan	32	25	3			4		32	13	751	483	268		751	
湖 北	Hubei	42	11	18	11		2		42	11	543	543			543	
湖 南	Hunan	12	12					1	11		451	451			451	
广 东	Guangdong	94	39	1		54			94	35	735	735			735	735
广 西	Guangxi	15	12			3			15		608	608			608	
海 南	Hainan	8	5			3			8	1	203	203			203	203
重 庆	Chongqing	126	126						126	126	830	830			830	830
四 川	Sichuan	29	28		1			1	28		573	570	3		573	
贵 州	Guizhou	3	3						3		557	557			557	
云 南	Yunnan	12	2	1	9				12	2	889	889			889	129
西 藏	Tibet	3	2		1				3							
陕 西	Shaanxi	2	2						2		554	554			554	554
甘 肃	Gansu										236	236			236	236
青 海	Qinghai	1			1				1		86	80	6		86	86
宁 夏	Ningxia	11	11						11		158	158			158	
新 疆	Xinjiang	1			1				1		5	5		4	1	
新疆生产建设兵团	Xinjiang Production and Construction Corps															
长江委	Yangtze River Water Resources Commission	96	34	40	14	8			96	36	29	29			29	29
黄 委	Yellow River Water Resources Commission	45	40	3	2			13	32	9	650	562	88		650	650
淮 委	Huaihe River Water Resources Commission															
海 委	Haihe River Water Resources Commission	3	1				2	2	1							
珠江委	Pearl River Water Resources Commission	11				11			11							
松辽委	Songliao River Water Resources Commission															
太湖局	Taihu Basin Authority															

8-2 续表 continued

地区 Region	蒸发站 Evaporation Station 监测方式 Monitoring Method 合计 Total	人工观测 Manual Observation	自动监测 Automatic Monitoring	地下水监测站 Groundwater Station 合计 Total	设站目的 Station Required Purpose 基本站 Basic Station	统测站 Measuring Station	监测层位 Monitoring Horizon 浅层 Shallow Layer	深层 Deep Layer	监测方式 Monitoring Method 人工观测 Manual Observation	自动监测 Automatic Monitoring	其中 Among which: 水质人工监测 Mannual Monitoring of Water Quality	水质自动监测 Automatic Monitoring of Water Quality
合 计 Total	9	5	4	26699	25049	1650	22339	4360	9360	17339	11591	89
北 京 Beijing				1433	1433		1143	290	468	965	787	13
天 津 Tianjin				801	801		124	677	25	776	360	5
河 北 Hebei				2856	2856		1767	1089		2856	954	
山 西 Shanxi				3049	1400	1649	2776	273	2195	854	574	4
内蒙古 Inner Mongolia				2471	2471		2471		519	1952	490	
辽 宁 Liaoning				1067	1067		997	70	440	627	729	7
吉 林 Jilin				1795	1795		1795		1285	510	821	4
黑龙江 Heilongjiang				3147	3147		2212	935	830	2317	820	3
上 海 Shanghai				54	54		10	44		54	38	
江 苏 Jiangsu				650	650		650			650	645	5
浙 江 Zhejiang				156	155	1	111	45		156	156	
安 徽 Anhui	1	1		560	560		469	91	170	390	386	4
福 建 Fujian	1	1		55	55		55			55	54	1
江 西 Jiangxi	1	1		128	128		105	23		128	127	1
山 东 Shandong				2281	2281		2022	259	1167	1114	926	8
河 南 Henan				2544	2544		2333	211	1723	821	792	4
湖 北 Hubei				215	215		215			215	195	1
湖 南 Hunan				96	96		39	57	2	94	84	
广 东 Guangdong	1	1		103	103		40	63		103	96	
广 西 Guangxi				124	124		124			124	122	2
海 南 Hainan				75	75		19	56		75	73	2
重 庆 Chongqing				80	80		61	19		80	79	1
四 川 Sichuan				169	169		169		39	130	130	1
贵 州 Guizhou				60	60		60			60	60	1
云 南 Yunnan	2	1	1	181	181		122	59		181	172	1
西 藏 Tibet				60	60		56	4		60	59	1
陕 西① Shaanxi				1037	1037		950	87	360	677	679	5
甘 肃 Gansu				455	455		455		125	330	369	4
青 海 Qinghai				140	140		140			140	140	4
宁 夏 Ningxia				345	345		345			345	163	3
新 疆 Xinjiang				439	439		435	4	9	430	438	3
新疆生产建设兵团 Xinjiang Production and Construction Corps				73	73		69	4	3	70	73	1
长江委 Yangtze River Water Resources Commission	2		2									
黄 委 Yellow River Water Resources Commission	1		1									
淮 委 Huaihe River Water Resources Commission												
海 委 Haihe River Water Resources Commission												
珠江委 Pearl River Water Resources Commission												
松辽委 Songliao River Water Resources Commission												
太湖局 Taihu Basin Authority												

① 陕西地下水监测站为陕西地下水管理监测中心监测站点。
① The groundwater monitoring stations of Shaanxi are managed by Ground water Management and Monitoring Bureau of Shaanxi Province.

8-2 续表 continued

地区	Region	合计 Total	人工监测 Manual Observation	自动监测 Automatic Monitoring
		水质站（地表水）Water Quality Station	监测方式 Monitoring Method	
合 计	Total	9621	9162	459
北 京	Beijing	278	265	13
天 津	Tianjin	61	58	3
河 北	Hebei	142	135	7
山 西	Shanxi	180	178	2
内蒙古	Inner Mongolia	209	209	
辽 宁	Liaoning	255	242	13
吉 林	Jilin	142	142	
黑龙江	Heilongjiang	277	260	17
上 海	Shanghai	430	410	20
江 苏	Jiangsu	1893	1860	33
浙 江	Zhejiang	283	283	
安 徽	Anhui	501	390	111
福 建	Fujian	148	147	1
江 西	Jiangxi	357	342	15
山 东	Shandong	89	89	
河 南	Henan	277	277	
湖 北	Hubei	293	265	28
湖 南	Hunan	190	174	16
广 东	Guangdong	613	504	109
广 西	Guangxi	224	224	
海 南	Hainan	72	72	
重 庆	Chongqing	250	238	12
四 川	Sichuan	359	359	
贵 州	Guizhou	99	82	17
云 南	Yunnan	479	467	12
西 藏	Tibet	73	73	
陕 西	Shaanxi	169	169	
甘 肃	Gansu	191	185	6
青 海	Qinghai	71	71	
宁 夏	Ningxia			
新 疆	Xinjiang	136	136	
新疆生产 建设兵团	Xinjiang Production and Construction Corps	5		5
长江委	Yangtze River Water Resources Commission	342	331	11
黄 委	Yellow River Water Resources Commission	85	85	
淮 委	Huaihe River Water Resources Commission	102	102	
海 委	Haihe River Water Resources Commission	83	82	1
珠江委	Pearl River Water Resources Commission	63	63	
松辽委	Songliao River Water Resources Commission	81	80	1
太湖局	Taihu Basin Authority	119	113	6

8-2　续表 continued

地区 Region	墒情站 Soil Moisture Station					实验站 Experiment Station							
	合计 Total	监测方式 Monitoring Method				合计 Total	实验项目 Experiment Project						其中：兼水文站 Among Which: Dual-purpose Hydrological Station
		人工观测 Manual Obser-vation	自动监测 Automatic Monitoring				径流 Runoff	蒸发 Evapo-ration	测验方法 Test Method	水库 Reser-voir	地下水 Ground-water	其他 Others	
			合计 Sub-total	其中：固定 #Fixed	其中：移动 #Mobile								
合　计　Total	4487	642	3845	1637	2208	60	20	13	2	2	6	17	23
北　京　Beijing	80		80	80									
天　津　Tianjin													
河　北　Hebei	188	188				2	1	1					1
山　西　Shanxi	97		97	97		2					2		
内蒙古　Inner Mongolia	355		355	355									
辽　宁　Liaoning	96	41	55	55		3	1	1				1	1
吉　林　Jilin	170	43	127	127		2	2						
黑龙江　Heilongjiang						4	3	1					3
上　海　Shanghai													
江　苏　Jiangsu	51	26	25	25									
浙　江　Zhejiang	17		17	17		1	1						1
安　徽　Anhui	216	87	129	129		5	4	1					4
福　建　Fujian	16		16	16		2		1	1				1
江　西　Jiangxi	503		503	106	397	2		2					
山　东　Shandong	155	155											
河　南　Henan	636		636	106	530								
湖　北　Hubei	61	26	35	35									
湖　南　Hunan	33		33	5	28								
广　东　Guangdong	1	1				1		1					
广　西　Guangxi	28	15	13	13		1						1	1
海　南　Hainan													
重　庆　Chongqing	72	5	67	67									
四　川　Sichuan	109	11	98		98	1						1	1
贵　州　Guizhou	482		482	42	440	2	1	1					2
云　南　Yunnan	341	8	333	53	280	2					1	1	1
西　藏　Tibet	6		6	6		3	2	1					2
陕　西　Shaanxi	16	16											
甘　肃　Gansu						1					1		
青　海　Qinghai													
宁　夏　Ningxia	57	19	38	38									
新　疆　Xinjiang	522		522	87	435	1	1						1
新疆生产建设兵团　Xinjiang Production and Construction Corps	178		178	178									
长江委　Yangtze River Water Resources Commission	1	1				5	1	2			2		4
黄　委　Yellow River Water Resources Commission						6	2	1			2	1	
淮　委　Huaihe River Water Resources Commission													
海　委　Haihe River Water Resources Commission													
珠江委　Pearl River Water Resources Commission						12						12	
松辽委　Songliao River Water Resources Commission													
太湖局　Taihu Basin Authority						2	1		1				

8-2　续表 continued

地区 Region	专用站 Special Station									
	专用水文站 Special Purpose Hydrological Stationl					专用水位站 Special Purpose Gauging Stationl				
	合计 Total	水文部门建设 Built by Hydrological Department		非水文部门建设 Built by Non-hydrological Department	其中：自动监测 #Automatic Monitoring	合计 Total	水文部门建设 Built by Hydrological Department		非水文部门建设 Built by Non-hydrological Department	其中：自动监测 #Automatic Monitoring
		合计 Sub-total	其中：中小河流项目新建 #Newly-built on Medium or Small River				合计 Sub-total	其中：中小河流项目新建 #Newly-built on Medium or Small River		
合计 Total	4598	4363	3387	235	1979	16375	7708	3355	8667	16245
北京 Beijing	59	59	41		59					
天津 Tianjin	37	36	36	1						
河北 Hebei	91	91	88		88	553	145	145	408	553
山西 Shanxi	48	45	41	3	48	47	47	47		47
内蒙古 Inner Mongolia	138	138	110		128	12	12	12		12
辽宁 Liaoning	96	96	96		49	49	49	49		49
吉林 Jilin	79	79	79		1	87	87	87		87
黑龙江 Heilongjiang	155	155	146		4	118	118	89		95
上海 Shanghai	29	29	3		29	265	263	15	2	265
江苏 Jiangsu	140	140	60		30	155	155	146		155
浙江 Zhejiang	275	179	38	96	275	6119	3270	14	2849	6119
安徽 Anhui	310	268	83	42	187	122	118	107	4	122
福建 Fujian	83	83	83		25	2452	123	123	2329	2452
江西 Jiangxi	124	124	121		50	1054	162	162	892	1054
山东 Shandong	330	330	330		3	193	193	193		193
河南 Henan	239	239	239			125	125	125		125
湖北 Hubei	201	198	189	3	127	281	248	241	33	281
湖南 Hunan	140	135	128	5	140	1138	153	111	985	1138
广东 Guangdong	174	174	158		168	430	430	101		430
广西 Guangxi	269	269	256		109	237	237	202		237
海南 Hainan	32	32	32		32	21	21	21		21
重庆 Chongqing	203	203	176		15	798	374	266	424	798
四川 Sichuan	206	206	203			245	245	244		245
贵州 Guizhou	269	230	180	39	150	478	179	179	299	478
云南 Yunnan	210	165	121	45	15	126	113	111	13	125
西藏 Tibet	73	73	55		73	60	60	59		60
陕西 Shaanxi	73	72	72	1	72	101	96	96	5	101
甘肃 Gansu	39	39	38			158	158	158		158
青海 Qinghai	19	19	13		3	27	27	26		27
宁夏 Ningxia	135	135	29			140	140	84		140
新疆 Xinjiang	85	85	80		38	59	59	59		59
新疆生产建设兵团 Xinjiang Production and Construction Corps	77	77	63			498	83	83	415	415
长江委 Yangtze River Water Resources Commission	23	23				159	159			159
黄委 Yellow River Water Resources Commission	7	7			6	49	41		8	31
淮委 Huaihe River Water Resources Commission	39	39								
海委 Haihe River Water Resources Commission	17	17				5	4		1	
珠江委 Pearl River Water Resources Commission	19	19								
松辽委 Songliao River Water Resources Commission	11	11			11	12	12			12
太湖局 Taihu Basin Authority	44	44			44	2	2			2

8-2 续表 continued

地区	Region	专用站 Special Station				
			专用雨量站 Special Purpose Precipitation Station			
		合计 Total	水文部门建设 Built by Hydrological Department		非水文部门建设 Built by Non-hydrological Department	其中：自动监测 #Automatic Monitoring
			合计 Sub-total	其中：中小河流项目新建 #Newly-built on Medium or Small River		
合　计	Total	38568	29526	25477	9042	38568
北　京	Beijing	124	124	54		124
天　津	Tianjin					
河　北	Hebei	1847	344	344	1503	1847
山　西	Shanxi	1156	1156	938		1156
内蒙古	Inner Mongolia	915	915	915		915
辽　宁	Liaoning	1176	1176	828		1176
吉　林	Jilin	1648	1648	1648		1648
黑龙江	Heilongjiang	1475	1475	1315		1475
上　海	Shanghai	139	139	47		139
江　苏	Jiangsu	45	45	45		45
浙　江	Zhejiang	1802	912	153	890	1802
安　徽	Anhui	589	589	588		589
福　建	Fujian	1088			1088	1088
江　西	Jiangxi	2208	1228	628	980	2208
山　东	Shandong	1224	1224	1224		1224
河　南	Henan	3202	2158	2158	1044	3202
湖　北	Hubei	763	763	689		763
湖　南	Hunan	1402	875	369	527	1402
广　东	Guangdong	552	552	307		552
广　西	Guangxi	2895	2124	1795	771	2895
海　南	Hainan	9	9	9		9
重　庆	Chongqing	3720	3305	3305	415	3720
四　川	Sichuan	2578	2578	2578		2578
贵　州	Guizhou	2409	970	582	1439	2409
云　南	Yunnan	1776	1730	1680	46	1776
西　藏	Tibet	615	615	599		615
陕　西	Shaanxi	1304	1293	1293	11	1304
甘　肃	Gansu	159	159	147		159
青　海	Qinghai	301	301	301		301
宁　夏	Ningxia	752	752	714		752
新　疆	Xinjiang	78	78	78		78
新疆生产建设兵团	Xinjiang Production and Construction Corps	389	86	86	303	303
长江委	Yangtze River Water Resources Commission					
黄　委	Yellow River Water Resources Commission	150	125	60	25	150
淮　委	Huaihe River Water Resources Commission					
海　委	Haihe River Water Resources Commission					
珠江委	Pearl River Water Resources Commission					
松辽委	Songliao River Water Resources Commission	78	78			78
太湖局	Taihu Basin Authority					

8-2　续表 continued

地区	Region	合计 Total	报汛抗旱站 Flood Warning Station								
			测站种类 Types of Station								
			水文站 Hydrological Station			水位站 Gauging Station	雨量站 Precipit-ation Station	墒情站 Soil Moisture Station	地下水站 Ground-water Station	水质站 Water Quality Station
			合计 Sub-total	其中：水库 #Reservoir	其中：渠道 #Canal					
合　计	Total	70261	8487	3238	965	7026	40748	2702	7826	3472
北　京	Beijing	635	85	27	16	1	74	38	437	
天　津	Tianjin	184	101	24	77	2	28	3		50
河　北	Hebei	5023	504	252	252	487	2818	221	954	39
山　西	Shanxi	401	61	9			186	97		57
内蒙古	Inner Mongolia	2815	133	93	11	3	125	83	2471	
辽　宁	Liaoning	3189	494	388	3	9	1437	4	1067	178
吉　林	Jilin	2386	187	6	1	98	1931	170		
黑龙江	Heilongjiang	2525	263	11		154	1963		145	
上　海	Shanghai	428	30			194	150		54	
江　苏	Jiangsu	2524	422	58	203	112	76	21		1893
浙　江	Zhejiang	689	185	109	10	276	217	2	3	6
安　徽	Anhui	3144	209	13	56	850	1049	84	560	392
福　建	Fujian	639	210	143		55	374			
江　西	Jiangxi	4642	243			1100	3050	106	128	15
山　东	Shandong	1483	134	48	86	13	533		803	
河　南	Henan	4801	237	139	98	19	3909	636		
湖　北	Hubei	2287	713	378	61	181	1089	61	215	28
湖　南	Hunan	1325	818	705		13	389	105		
广　东	Guangdong	721	63			353	296	9		
广　西	Guangxi	4078	708	280	10	252	2742	28	124	224
海　南	Hainan	203	13	2		8	182			
重　庆	Chongqing	5788	234			920	4550	72		12
四　川	Sichuan	4776	674	292	9	353	3307	103	169	170
贵　州	Guizhou	4301	372			481	2966	482		
云　南	Yunnan	3040	316	4		119	2597	8		
西　藏	Tibet	685	18	11		2	599	6	60	
陕　西	Shaanxi	2276	157		12	102	1758	41	218	
甘　肃	Gansu	81	81	7						
青　海	Qinghai	140	34			1	105			
宁　夏	Ningxia	1708	174	42	19	151	920	57	345	61
新　疆	Xinjiang	371	212	138		1	71	87		
新疆生产建设兵团	Xinjiang Production and Construction Corps	1238	95	48	12	498	389	178	73	5
长江委	Yangtze River Water Resources Commission	636	119	1		147	28			342
黄　委	Yellow River Water Resources Commission	955	143	5	21	50	762			
淮　委	Huaihe River Water Resources Commission	1	1							
海　委	Haihe River Water Resources Commission	25	17	3	4	8				
珠江委	Pearl River Water Resources Commission	3	3							
松辽委	Songliao River Water Resources Commission	112	22	2	4	12	78			
太湖局	Taihu Basin Authority	3	2			1				

8-2 续表 continued

地区	Region	可发布预报测站 Forecasting Station	可发布预警测站 Warning Station	辅助站 Auxiliary Station	固定洪调点 Fixed- flood Regulation Station
合　计	**Total**	**2521**	**2583**	**654**	**1219**
北　京	Beijing	21	18		
天　津	Tianjin				
河　北	Hebei	245	40	75	
山　西	Shanxi	11			
内蒙古	Inner Mongolia	7	20		
辽　宁	Liaoning	50	38		
吉　林	Jilin	86	59		
黑龙江	Heilongjiang	105	23		
上　海	Shanghai				
江　苏	Jiangsu	35	67		
浙　江	Zhejiang	94	348	1	
安　徽	Anhui	178	96	88	
福　建	Fujian	46	33		
江　西	Jiangxi	129	113	8	
山　东	Shandong	71		181	
河　南	Henan	100		130	50
湖　北	Hubei	255	47		7
湖　南	Hunan	73	136		
广　东	Guangdong	123		21	
广　西	Guangxi	162	607	14	
海　南	Hainan	6	9		
重　庆	Chongqing	11	16		
四　川	Sichuan	65	577		
贵　州	Guizhou	57	20	6	
云　南	Yunnan	397			859
西　藏	Tibet	1	12		
陕　西	Shaanxi	35	100		
甘　肃	Gansu	4	3		220
青　海	Qinghai	4	34	14	30
宁　夏	Ningxia	16			46
新　疆	Xinjiang	63	128		7
新疆生产建设兵团	Xinjiang Production and Construction Corps				
长江委	Yangtze River Water Resources Commission	34	29		
黄　委	Yellow River Water Resources Commission	17	2	18	
淮　委	Huaihe River Water Resources Commission				
海　委	Haihe River Water Resources Commission	1			
珠江委	Pearl River Water Resources Commission			29	
松辽委	Songliao River Water Resources Commission	10	7		
太湖局	Taihu Basin Authority	9	1	69	

8-2 续表 continued

地区 Region	观测项目类别（站数/断面） Types of Measuring Items (Number of Stations/Sections)											
	流量 Runoff	水位 Water Level	泥沙 Sediment	悬移质 Suspended Load	推移质 Traction Load	河床质 Bed Load	颗粒分析 Particle Size Analysis	降雨量 Precipitation	蒸发 Evaporation	比降 Gradient	冰情 Ice Condition	水温 Water Temperature
合 计 Total	8793	23398	1685	1574	13	147	455	67755	1692	1164	1188	1152
北 京 Beijing	120	120	17	17			11	245	27	14	33	26
天 津 Tianjin	82	125	20	20			8	51	7		50	10
河 北 Hebei	329	894	129	129			54	3465	46	65	123	75
山 西 Shanxi	157	209	60	60			26	1985	50	64	49	53
内蒙古 Inner Mongolia	278	247	78	78			2	1407	113	71	126	83
辽 宁 Liaoning	219	277	75	75			31	1863	40	76	66	45
吉 林 Jilin	221	289	47	47				2106	27	62	83	73
黑龙江 Heilongjiang	275	434	25	25			8	2134	71	39	152	128
上 海 Shanghai	54	370						389	13			9
江 苏 Jiangsu	357	658	21	21				673	36	1		7
浙 江 Zhejiang	370	6663	16	16				7678	112	10		31
安 徽 Anhui	672	711	43	43				1525	41	30		
福 建 Fujian	138	304	28	28				505	30	41		21
江 西 Jiangxi	251	1349	29	29			13	4353	71	21		26
山 东 Shandong	707	916	48	48			3	2597	49	19	99	7
河 南 Henan	402	546	42	42				4192	51	45	107	35
湖 北 Hubei	335	681	15	15			4	1923	42	21		20
湖 南 Hunan	253	1403	31	31				2925	47	58		25
广 东 Guangdong	254	778	24	24			5	2131	33	54		
广 西 Guangxi	418	670	39	39				4142	90	67		44
海 南 Hainan	45	29	5	5				212	6	9		5
重 庆 Chongqing	234	1158	155	155				5708	33			
四 川 Sichuan	350	624	56	56			13	3775	78	7	2	15
贵 州 Guizhou	326	504	20	20				1970	72			23
云 南 Yunnan	390	528	74	74				3124	125	63		57
西 藏 Tibet	121	184	12	12				670	37		24	39
陕 西 Shaanxi	154	251	67	67			30	2143	53	74	1	20
甘 肃 Gansu	153	349	61	61				479	75	33	38	40
青 海 Qinghai	68	88	30	30			1	461	36	22	32	14
宁 夏 Ningxia	174	325	26	26				931	21	9	1	1
新 疆 Xinjiang	239	253	68	68				200	84	65	75	86
新疆生产建设兵团 Xinjiang Production and Construction Corps	95	593	7	7				564	5	4	5	8
长江委 Yangtze River Water Resources Commission	144	399	68	68	13	24	57	172	17			44
黄 委 Yellow River Water Resources Commission	148	242	232	121		123	187	928	38	112	107	64
淮 委 Huaihe River Water Resources Commission	40	40						1	1			
海 委 Haihe River Water Resources Commission	40	40	6	6				17	6	4	7	9
珠江委 Pearl River Water Resources Commission	47	58	3	3				3	2			
松辽委 Songliao River Water Resources Commission	22	34	8	8			2	96	6	4	8	8
太湖局 Taihu Basin Authority	111	55						12	1			1

8-2 续表 continued

地区 Region	观测项目类别（站数/断面）Types of Measuring Items (Number of Stations/Sections)								
	地下水 Ground- water	地下水 水位 Ground- water Level	地下水 水质 Ground- water Quality	地下水 水量 Ground- water Quantity	地表水水质 Surface Water Quality	水生态 Water Ecology	墒情 Soil Moisture Condition	水文调查 Hydrolog- ical Survey	辅助气象 Auxiliary Meteorology
合 计 Total	**26740**	**26197**	**11663**	**216**	**10970**	**823**	**5311**	**1715**	**544**
北京 Beijing	1433	1070	800		278	166	80	20	15
天津 Tianjin	801	637	365	164	61	8		17	11
河北 Hebei	2856	2855	954	1	281	12	188	44	11
山西 Shanxi	3049	3044	574	5	180	5	165	68	68
内蒙古 Inner Mongolia	2471	2471	490		209	14	447	92	31
辽宁 Liaoning	1067	1067	729		255		96	92	1
吉林 Jilin	1795	1795	821		142	1	170	24	10
黑龙江 Heilongjiang	3147	3147	820		277	2		234	79
上海 Shanghai	93	93	63		470	6		5	26
江苏 Jiangsu	650	650	650		1893		51		
浙江 Zhejiang	164	164	156	1	283	21	31	25	
安徽 Anhui	560	560	390		501	12	216	45	3
福建 Fujian	55	55	55		148	1	16		1
江西 Jiangxi	128	128	128		463	114	503	19	16
山东 Shandong	2281	2281	926		89	5	155	147	
河南 Henan	2544	2544	792	9	277	76	636	130	9
湖北 Hubei	215	215	195		329	50	61	449	
湖南 Hunan	96	94	84		307		440		
广东 Guangdong	103	103	103		897	160	6	37	31
广西 Guangxi	124	124	124	20	300	6	28		38
海南 Hainan	75	75	75		93			8	2
重庆 Chongqing	80	80	80		250		265		
四川 Sichuan	169	169	130		359	1	109		
贵州 Guizhou	60	60	60	11	181	19	482		
云南 Yunnan	181	181	173		654	46	341	5	4
西藏 Tibet	60	60	60		129		6	15	41
陕西 Shaanxi	1037	1037	679		169		41		
甘肃 Gansu	455	455	369		191		20		22
青海 Qinghai	140	140	140		71			30	1
宁夏 Ningxia	345	345	166		61	2	57	46	
新疆 Xinjiang	430	425	439	5	236	1	522	39	51
新疆生产建设兵团 Xinjiang Production and Construction Corps	73	70	73		5		178		15
长江委 Yangtze River Water Resources Commission	2	2			342	20	1		4
黄委 Yellow River Water Resources Commission					127	32		124	38
淮委 Huaihe River Water Resources Commission					102				
海委 Haihe River Water Resources Commission	1	1			83				2
珠江委 Pearl River Water Resources Commission					57	6			
松辽委 Songliao River Water Resources Commission					101				6
太湖局 Taihu Basin Authority					119	37			8

主要统计指标解释

水文测站　为经常收集水文数据而在河、渠、湖、库上或流域内设立的各种水文观测场所的总称。

国家基本水文测站　为公用目的，经统一规划设立，能获取基本水文要素值多年变化资料的水文测站。它应进行较长期的连续观测，资料长期存储。

水文站　设在河、渠、湖、库上以测定水位、流量为主的水文测站，根据需要还可监测降水、水面蒸发、泥沙、墒情、地下水、水质、气象要素等有关项目。

水位站　以观测水位为主，可兼测降水量等项目的水文测站。

雨量站（降水量站）　以观测降水量为主的水文测站。

蒸发站　观测水面蒸发量及相关项目的水文测站。

地下水站（井）　为观测地下水的量、质动态变化，在水文地质单元或地下水开采区等设置的水文测站或地下水监测井（孔）。

水质站（水质监测站）　为掌握水资源质量变化动态，收集和积累水体的物理、化学和生物等监测信息而进行采样和现场测定位置的总称。

墒情站　观测土壤含水量变化的水文测站。

水文实验站　在天然和人为特定实验条件下，由一个或一组水文观测试验项目站点组成的专门场所。

巡测站　水文专业人员以巡回流动的方式定期或不定期地对一个地区或流域内各观测站（点）的水文要素进行测验的水文测站。

Explanatory Notes of Main Statistical Indicators

Hydrological station General term for hydrological observation locations built on rivers, canals, lakes, reservoirs or inside river basins for gathering hydrological data.

Basic station Hydrological measurement stations that are built for public purpose and designed according to unified planning to gather multi-year variables of basic hydrological element value. This kind of station carries out long-term and continuous observation and stores data for future usage.

Hydrological station Hydrological measurement stations that are built on rivers, canals, lakes or reservoirs and mainly for observation of water level and flow. When necessary, it can also be used to observe precipitation, water surface evaporation, sediment, moisture, groundwater, water quality, meteorological and other related data.

Stage gauging station Hydrological measurement stations that are mainly used to observe water level, and can also be used to observe precipitation and other related data at the same time.

Rainfall station (Precipitation station) Hydrological measurement stations that are used to observe precipitation.

Evaporation station Hydrological measurement stations that are used to observe water surface evaporation and other relevant data.

Groundwater monitoring station (Well) Hydrological measurement stations or groundwater monitoring well (hole) that are located in hydrogeological units or groundwater abstraction zone and used to observe the dynamic changes of water quantity and quality.

Water quality station (Water quality monitoring station) General term for sampling and on-site measurement locations which are used to observe dynamic changes of water quality and gather and accumulate monitoring data related to physical, chemical and biological conditions of water bodies.

Moisture gauging station Hydrological measurement stations that are used to observe the variation of soil moisture content.

Hydrological experimental station It is a special place composed of one or a group of hydrological observation and test project stations under the natural and artificial specific experimental conditions.

Tour hydrological station Hydrological measurement stations that are used for hydrological professionals to conduct regular or irregular tests on hydrological elements of measurement stations (points) in a region or within a river basin.

9 从业人员情况

Employees

简 要 说 明

从业人员情况统计资料主要包括水利部机关、直属单位、各省（自治区、直辖市）和计划单列市水利（水务）厅（局）的从业人员和技术工人情况等。

本部分资料分水利部机关和流域管理机构、水利部在京直属单位、其他京外直属单位和地方水利部门。

Brief Introduction

Statistical data of employment provides you with information on employees working for the water sector, including staff and workers employed by the Ministry of Water Resources and organizations under the ministry, water resources departments of provinces (autonomous regions or municipalities) as well as cities with separate plans.

The data of Ministry of Water Resources and river basin commissions under the Ministry, affiliate organizations of the Ministry in Beijing and affiliate organizations of the Ministry out of Beijing and local water resources departments is shown separately by group.

9-1　2021 年水利部从业人员

Employees of the Ministry of Water Resources in 2021

单 位	Institution	单位个数 /个 Number of Organizations /unit	年末人数　Total staff at the End of the Year				
			单位从业人员 /人 Employees /person	在岗职工 Full-time Staff	劳务派遣人员 Contracted Service Staff	外聘人员 Staff Employed from outside	其他从业人员 Other Employees
水利部	**Ministry of Water Resources (MWR)**	767	65258	60360	3750	324	824
水利部机关和流域管理机构	MWR and River Basin Commissions	691	49022	46730	1387	303	602
水利部在京直属单位	Affiliate Organizations of MWR in Beijing	65	13554	11484	1908	5	157
其他京外直属单位	Affiliate Organizations of MWR outside Beijing	11	2682	2146	455	16	65

9-1 续表 continued

单 位	Institution	平均人数 Average Number				
		单位从业人员 /人 Employees /person	在岗职工 Full-time Staff	劳务派遣人员 Contracted Service Staff	外聘人员 Staff Employed from outside	其他从业人员 Other Employees
水利部	**Ministry of Water Resources (MWR)**	**65304**	**60604**	**3478**	**312**	**910**
水利部机关和流域管理机构	Ministry and River Basin Commissions	49355	47040	1334	283	698
水利部在京直属单位	Affiliate Organizations of MWR in Beijing	13219	11375	1695	6	143
其他京外直属单位	Affiliate Organizations of MWR outside Beijing	2730	2189	449	23	69

9-2 2021年地方水利部门从业人员

Employees of Local Water Resources Departments in 2021

单位 Institution	单位 Institution	单位个数 /个 Number of Organizations /unit	单位从业人员 年末人数/人 Employees at the end of the Year /person	在岗职工 Fully Employed Staff	劳务派遣人员 Service Dispatching Employees	外聘人员 Staff Employed from outside	其他从业人员 Other Employees
地方水利部门	**Local Water Resources Departments**	**33211**	**713838**	**687592**	**14372**	**4696**	**7178**
北京市水务局	Beijing Water Authority	231	9472	8804	480	138	50
天津市水务局	Tianjin Water Authority	118	14134	12885	1205	20	24
河北省水利厅	Hebei Provincial Water Resources Department	1395	36105	35674	181	32	218
山西省水利厅	Shanxi Provincial Water Resources Department	727	19382	19233	54	17	78
内蒙古自治区水利厅	Water Resources Department of Inner Mongolia Autonomous Region	539	19055	18509	95	402	49
辽宁省水利厅	Liaoning Provincial Water Resources Department	492	16038	15725	284	3	26
吉林省水利厅	Jilin Provincial Water Resources Department	742	16529	16453	12	43	21
黑龙江省水利厅	Heilongjiang Provincial Water Resources Department	803	16297	16236		61	
上海市水务局	Shanghai Water Authority	165	4924	4669	252		3
江苏省水利厅	Jiangsu Provincial Water Resources Department	2035	28947	28483	454	10	
浙江省水利厅	Zhejiang Provincial Water Resources Department	3136	81721	74032	3677		4012
安徽省水利厅	Anhui Provincial Water Resources Department	1499	24150	23998	73	58	21
福建省水利厅	Fujian Provincial Water Resources Department	957	11620	11040	283	83	214
江西省水利厅	Jiangxi Provincial Water Resources Department	615	15674	15366	40	241	27
山东省水利厅	Shandong Provincial Water Resources Department	1502	36138	35945	118	14	61
河南省水利厅	Henan Provincial Water Resources Department	1738	48835	48503	72	26	234
湖北省水利厅	Hubei Provincial Water Resources Department	2215	34379	33558	473	348	
湖南省水利厅	Hunan Provincial Water Resources Department	1700	39488	38804	207	162	315
广东省水利厅	Guangdong Provincial Water Resources Department	1478	33645	32407	365	524	349
广西壮族自治区水利厅	Water Resources Department of Guangxi Zhuang Autonomous Region	1337	19928	18735	436	332	425
海南省水务厅	Hainan Water Authority	186	3531	3432	52	47	
重庆市水利局	Chongqing Water Resources Bureau	413	6553	6192	308	49	4
四川省水利厅	Sichuan Provincial Water Resources Department	1435	27840	26666	511	390	273
贵州省水利厅	Guizhou Provincial Water Resources Department	1936	24189	21854	2007	290	38
云南省水利厅	Yunnan Provincial Water Resources Department	1716	19048	18427	370	174	77
西藏自治区水利厅	Water Resources Department of Tibet Autonomous Region	94	2340	1995	62	155	128
陕西省水利厅	Shaanxi Provincial Water Resources Department	1125	35368	35273	16	79	
甘肃省水利厅	Gansu Provincial Water Resources Department	1173	30267	28960	1151	154	2
青海省水利厅	Qinghai Provincial Water Resources Department	314	5068	4827	115	33	93
宁夏回族自治区水利厅	Water Resources Department of Ningxia Hui Autonomous Region	135	5640	5520	20	78	22
新疆维吾尔自治区水利厅	Water Resources Department of Xinjiang Uygur Autonomous Region	1005	20345	19109	103	719	414
大连市水务局	Dalian Water Authority	7	737	737			
宁波市水利局	Ningbo Water Resources Bureau	122	1712	1620	80	12	
厦门市水利局	Xiamen Water Resources Bureau	21	356	347	9		
青岛市水利局	Qingdao Water Resources Bureau	55	1939	1939			
深圳市水务局	Shenzhen Water Authority	44	2371	1567	804		
新疆生产建设兵团水利局	Water Resources Department of the Xinjiang Production and Construction Corps	6	73	68	3	2	

9-2 续表 continued

单位	Institution	单位从业人员/人 Employees /person	在岗职工 Full-time Staff	劳务派遣人员 Contracted Service Staff	外聘人员 Staff Employed from outside	其他从业人员 Other Employees
		平均人数 Average Number				
地方水利部门	**Local Water Resources Departments**	**707158**	**681074**	**13897**	**4906**	**7282**
北京市水务局	Beijing Water Authority	9383	8741	451	140	51
天津市水务局	Tianjin Water Authority	14316	13023	1216	50	27
河北省水利厅	Hebei Provincial Water Resources Department	35730	35298	181	32	219
山西省水利厅	Shanxi Provincial Water Resources Department	19419	19215	54	20	130
内蒙古自治区水利厅	Water Resources Department of Inner Mongolia Autonomous Region	19009	18465	75	416	53
辽宁省水利厅	Liaoning Provincial Water Resources Department	16046	15739	268	19	20
吉林省水利厅	Jilin Provincial Water Resources Department	16558	16482	12	43	21
黑龙江省水利厅	Heilongjiang Provincial Water Resources Department	16315	16254		61	
上海市水务局	Shanghai Water Authority	4927	4661	263		3
江苏省水利厅	Jiangsu Provincial Water Resources Department	28921	28398	473	50	
浙江省水利厅	Zhejiang Provincial Water Resources Department	81721	74032	3677		4012
安徽省水利厅	Anhui Provincial Water Resources Department	24107	23955	73	58	21
福建省水利厅	Fujian Provincial Water Resources Department	11456	10877	272	91	216
江西省水利厅	Jiangxi Provincial Water Resources Department	15521	15230	36	228	27
山东省水利厅	Shandong Provincial Water Resources Department	36045	35799	169	14	63
河南省水利厅	Henan Provincial Water Resources Department	48828	48480	72	26	250
湖北省水利厅	Hubei Provincial Water Resources Department	34638	33822	457	359	
湖南省水利厅	Hunan Provincial Water Resources Department	39109	38434	203	149	323
广东省水利厅	Guangdong Provincial Water Resources Department	33754	32198	376	762	418
广西壮族自治区水利厅	Water Resources Department of Guangxi Zhuang Autonomous Region	19992	18744	437	347	464
海南省水务厅	Hainan Water Authority	3462	3363	52	47	
重庆市水利局	Chongqing Water Resources Bureau	6546	6168	333	41	4
四川省水利厅	Sichuan Provincial Water Resources Department	27658	26514	480	392	273
贵州省水利厅	Guizhou Provincial Water Resources Department	18903	17036	1651	206	9
云南省水利厅	Yunnan Provincial Water Resources Department	18898	18245	364	195	94
西藏自治区水利厅	Water Resources Department of Tibet Autonomous Region	2338	1998	62	150	128
陕西省水利厅	Shaanxi Provincial Water Resources Department	35380	35285	16	79	
甘肃省水利厅	Gansu Provincial Water Resources Department	30162	28879	1164	119	
青海省水利厅	Qinghai Provincial Water Resources Department	5090	4829	114	34	113
宁夏回族自治区水利厅	Water Resources Department of Ningxia Hui Autonomous Region	5653	5534	20	78	21
新疆维吾尔自治区水利厅	Water Resources Department of Xinjiang Uygur Autonomous Region	20111	19006	101	682	322
大连市水务局	Dalian Water Authority	741	741			
宁波市水利局	Ningbo Water Resources Bureau	1703	1607	80	16	
厦门市水利局	Xiamen Water Resources Bureau	358	348	10		
青岛市水利局	Qingdao Water Resources Bureau	1939	1939			
深圳市水务局	Shenzhen Water Authority	2349	1667	682		
新疆生产建设兵团水利局	Water Resources Department of the Xinjiang Production and Construction Corps	73	68	3	2	

9-3 2021 年水利部职工职称情况

Employees with Technical Titles of the Ministry
of Water Resources in 2021

单 位	Institution	合计 /人 Total /person	高级 Senior	中级 Intermediate	初级 Elementary
水利部	**Ministry of Water Resources (MWR)**	**37482**	**14720**	**12752**	**10010**
水利部机关和流域管理机构	The Ministry and River Basin Commissions	27565	9698	9881	7986
水利部在京直属单位	Affiliate Organizations of the Ministry in Beijing	8017	4071	2326	1620
其他京外直属单位	Affiliate Organizations of the Ministry out of Beijing	1900	951	545	404

9-4 2021 年地方水利部门职工职称情况
Employees with Technical Titles in Local Water Resources Departments in 2021

单 位	Institution	合计/人 Total /person	高级 Senior	中级 Intermediate	初级 Elementary
地方水利部门	**Local Water Resources Departments**	**281071**	**57291**	**119732**	**104048**
北京市水务局	Beijing Water Authority	3854	937	1587	1330
天津市水务局	Tianjin Water Authority	6390	1790	2406	2194
河北省水利厅	Hebei Provincial Water Resources Department	13888	3444	5246	5198
山西省水利厅	Shanxi Provincial Water Resources Department	7060	733	3189	3138
内蒙古自治区水利厅	Water Resources Department of Inner Mongolia Autonomous Region	7368	2191	2969	2208
辽宁省水利厅	Liaoning Provincial Water Resources Department	6186	1295	2885	2006
吉林省水利厅	Jilin Provincial Water Resources Department	6733	1676	2359	2698
黑龙江省水利厅	Heilongjiang Provincial Water Resources Department	7147	2034	2935	2178
上海市水务局	Shanghai Water Authority	2327	330	874	1123
江苏省水利厅	Jiangsu Provincial Water Resources Department	13973	2989	5707	5277
浙江省水利厅	Zhejiang Provincial Water Resources Department	31033	5113	17058	8862
安徽省水利厅	Anhui Provincial Water Resources Department	9891	1968	3748	4175
福建省水利厅	Fujian Provincial Water Resources Department	5794	1319	2302	2173
江西省水利厅	Jiangxi Provincial Water Resources Department	4893	746	2071	2076
山东省水利厅	Shandong Provincial Water Resources Department	20634	4028	9483	7123
河南省水利厅	Henan Provincial Water Resources Department	13587	1978	5886	5723
湖北省水利厅	Hubei Provincial Water Resources Department	12263	1494	5637	5132
湖南省水利厅	Hunan Provincial Water Resources Department	11971	1362	5524	5085
广东省水利厅	Guangdong Provincial Water Resources Department	9664	1605	3307	4752
广西壮族自治区水利厅	Water Resources Department of Guangxi Zhuang Autonomous Region	7720	998	3161	3561
海南省水务厅	Hainan Water Authority	660	89	169	402
重庆市水利局	Chongqing Water Resources Bureau	2665	790	1289	586
四川省水利厅	Sichuan Provincial Water Resources Department	11945	2671	4851	4423
贵州省水利厅	Guizhou Provincial Water Resources Department	9661	1965	3698	3998
云南省水利厅	Yunnan Provincial Water Resources Department	11033	3453	4413	3167
西藏自治区水利厅	Water Resources Department of Tibet Autonomous Region	971	130	338	503
陕西省水利厅	Shaanxi Provincial Water Resources Department	12126	2473	5168	4485
甘肃省水利厅	Gansu Provincial Water Resources Department	11790	2942	4717	4131
青海省水利厅	Qinghai Provincial Water Resources Department	2884	527	1210	1147
宁夏回族自治区水利厅	Water Resources Department of Ningxia Hui Autonomous Region	2977	868	1146	963
新疆维吾尔自治区水利厅	Water Resources Department of Xinjiang Uygur Autonomous Region	9201	2538	3183	3480
大连市水务局	Dalian Water Authority	215	55	97	63
宁波市水利局	Ningbo Water Resources Bureau	823	164	353	306
厦门市水利局	Xiamen Water Resources Bureau	85	19	35	31
青岛市水利局	Qingdao Water Resources Bureau	832	254	390	188
深圳市水务局	Shenzhen Water Authority	810	318	335	157
新疆生产建设兵团水利局	Water Resources Department of the Xinjiang Production and Construction Corps	17	5	6	6

9-5 2021 年水利部技术工人结构

Statistics of Skilled Workers of the Ministry of Water Resources in 2021

单位	Institution	合计 /人 Total /person	无等级 /人 Non-graded Workers /person	初级工 /人 Elementary Workers /person	#获证人数 With Certificate	#当年获证 Getting Certificate in the Year
水利部	**Ministry of Water Resources (MWR)**	**17267**	**3343**	**1677**	**1210**	**6**
水利部机关和流域管理机构	The Ministry and River Basin Commissions	14216	1743	950	913	6
水利部在京直属单位	Affiliate Organizations of the Ministry in Beijing	2930	1570	723	293	
其他京外直属单位	Affiliate Organizations of the Ministry out of Beijing	121	30	4	4	

9-5 续表 continued

单 位	Institution	中级工 /人 Intermediate Workers /person	#获证人数 With Certificate	#当年获证 Getting Certificate of the Year	高级工 /人 Senior Workers /person	#获证人数 With Certificate	#当年获证 Getting Certificate of the Year
水利部	**Ministry of Water Resources (MWR)**	**2178**	**2102**	**53**	**6077**	**6014**	**192**
水利部机关和流域管理机构	The Ministry and River Basin Commissions	1965	1959	53	5750	5724	192
水利部在京直属单位	Affiliate Organizations of the Ministry in Beijing	208	138		269	233	
其他京外直属单位	Affiliate Organizations of the Ministry out of Beijing	5	5		58	57	

9-5 续表 continued

单 位	Institution	技师 /人 Technician /person	#获证人数 With Certificate	#当年获证 Getting Certificate of the Year	高级技师 /人 Senior Technician /person	#获证人数 With Certificate	#当年获证 Getting Certificate of the Year
水利部	**Ministry of Water Resources (MWR)**	**3282**	**3276**	**50**	**710**	**708**	**54**
水利部机关和流域管理机构	The Ministry and River Basin Commissions	3164	3159	47	644	643	51
水利部在京直属单位	Affiliate Organizations of the Ministry in Beijing	97	96	2	63	62	2
其他京外直属单位	Affiliate Organizations of the Ministry out of Beijing	21	21	1	3	3	1

9-6　2021年地方水利部门技术工人结构
Statistics of Skilled Workers of Local Water Departments in 2021

单　位	Institution	合计 /人 Total /person	无等级 /人 Non-graded Workers /person	初级工 /人 Elementary Workers /person	#获证人数 With Certificate	#当年获证 Getting Certificate of the Year
地方水利部门	**Local Water Resources Departments**	**238456**	**44945**	**29860**	**25323**	**639**
北京市水务局	Beijing Water Authority	1044	16	111	90	4
天津市水务局	Tianjin Water Authority	4706	943	561	495	43
河北省水利厅	Hebei Provincial Water Resources Department	16090	1056	3021	2449	30
山西省水利厅	Shanxi Provincial Water Resources Department	8620	1072	1911	1580	9
内蒙古自治区水利厅	Water Resources Department of Inner Mongolia Autonomous Region	7788	2045	642	223	10
辽宁省水利厅	Liaoning Provincial Water Resources Department	5659	1306	650	540	28
吉林省水利厅	Jilin Provincial Water Resources Department	6518	2486	1443	1052	16
黑龙江省水利厅	Heilongjiang Provincial Water Resources Department	7053	2455	441	379	25
上海市水务局	Shanghai Water Authority	378	24	41	36	
江苏省水利厅	Jiangsu Provincial Water Resources Department	8816	132	1042	983	63
浙江省水利厅	Zhejiang Provincial Water Resources Department	2890		1283	1283	
安徽省水利厅	Anhui Provincial Water Resources Department	9942	1098	964	779	13
福建省水利厅	Fujian Provincial Water Resources Department	2933	614	386	295	2
江西省水利厅	Jiangxi Provincial Water Resources Department	6447	957	877	783	3
山东省水利厅	Shandong Provincial Water Resources Department	8419	2360	1218	1101	39
河南省水利厅	Henan Provincial Water Resources Department	26098	1248	2631	2388	73
湖北省水利厅	Hubei Provincial Water Resources Department	13094	1063	2029	1979	31
湖南省水利厅	Hunan Provincial Water Resources Department	20522	2804	2657	2217	49
广东省水利厅	Guangdong Provincial Water Resources Department	14786	7781	1788	1414	16
广西壮族自治区水利厅	Water Resources Department of Guangxi Zhuang Autonomous Region	6848	1383	537	525	6
海南省水务厅	Hainan Water Authority	2240	1849	192	88	6
重庆市水利局	Chongqing Water Resources Bureau	1017	205	90	89	
四川省水利厅	Sichuan Provincial Water Resources Department	7413	1761	633	469	1
贵州省水利厅	Guizhou Provincial Water Resources Department	6121	4242	285	168	7
云南省水利厅	Yunnan Provincial Water Resources Department	4315	460	132	117	3
西藏自治区水利厅	Water Resources Department of Tibet Autonomous Region	167	30	8	6	
陕西省水利厅	Shaanxi Provincial Water Resources Department	16738	1120	1934	1629	75
甘肃省水利厅	Gansu Provincial Water Resources Department	11387	2682	1127	1126	68
青海省水利厅	Qinghai Provincial Water Resources Department	948	329	49	38	2
宁夏回族自治区水利厅	Water Resources Department of Ningxia Hui Autonomous Region	1932	7	65	42	2
新疆维吾尔自治区水利厅	Water Resources Department of Xinjiang Uygur Autonomous Region	6331	970	1040	897	15
大连市水务局	Dalian Water Authority	287	75	11	11	
宁波市水利局	Ningbo Water Resources Bureau	197	54	8	7	
厦门市水利局	Xiamen Water Resources Bureau	58		3	3	
青岛市水利局	Qingdao Water Resources Bureau	502	259	29	29	
深圳市水务局	Shenzhen Water Authority	152	59	21	13	
新疆生产建设兵团水利局	Water Resources Department of the Xinjiang Production and Construction Corps					

9-6　续表 continued

单　位	Institution	中级工/人 Intermediate Workers /person	#获证人数 With Certificate	#当年获证 Getting Certificate of the Year	高级工/人 Senior Workers /person	#获证人数 With Certificate	#当年获证 Getting Certificate of the Year
地方水利部门	**Local Water Resources Departments**	**46549**	**42057**	**1601**	**75507**	**69438**	**2672**
北京市水务局	Beijing Water Authority	446	407	15	438	377	53
天津市水务局	Tianjin Water Authority	840	781	28	2109	2029	59
河北省水利厅	Hebei Provincial Water Resources Department	3587	3303	89	5872	5508	115
山西省水利厅	Shanxi Provincial Water Resources Department	1879	1624	27	1537	1391	55
内蒙古自治区水利厅	Water Resources Department of Inner Mongolia Autonomous Region	783	539	6	1906	1433	16
辽宁省水利厅	Liaoning Provincial Water Resources Department	1083	849	66	2329	1904	152
吉林省水利厅	Jilin Provincial Water Resources Department	1054	980	24	916	877	26
黑龙江省水利厅	Heilongjiang Provincial Water Resources Department	685	585	21	1136	887	144
上海市水务局	Shanghai Water Authority	190	176		110	99	2
江苏省水利厅	Jiangsu Provincial Water Resources Department	1554	1508	82	5051	4972	121
浙江省水利厅	Zhejiang Provincial Water Resources Department	483	483		655	655	
安徽省水利厅	Anhui Provincial Water Resources Department	2870	2576	34	4794	4379	13
福建省水利厅	Fujian Provincial Water Resources Department	548	548	2	1097	1096	4
江西省水利厅	Jiangxi Provincial Water Resources Department	1386	1282	33	2673	2540	65
山东省水利厅	Shandong Provincial Water Resources Department	1712	1631	5	2803	2619	38
河南省水利厅	Henan Provincial Water Resources Department	4182	3835	264	9252	8591	419
湖北省水利厅	Hubei Provincial Water Resources Department	2001	1979	41	3590	3556	83
湖南省水利厅	Hunan Provincial Water Resources Department	4912	3591	255	5495	4277	472
广东省水利厅	Guangdong Provincial Water Resources Department	2522	2298	13	2678	2385	24
广西壮族自治区水利厅	Water Resources Department of Guangxi Zhuang Autonomous Region	1905	1889	38	2795	2772	10
海南省水务厅	Hainan Water Authority	131	123	30	56	54	14
重庆市水利局	Chongqing Water Resources Bureau	216	183	3	293	262	2
四川省水利厅	Sichuan Provincial Water Resources Department	1810	1624	24	2264	1899	39
贵州省水利厅	Guizhou Provincial Water Resources Department	508	443	30	919	820	36
云南省水利厅	Yunnan Provincial Water Resources Department	589	579	37	2331	2257	41
西藏自治区水利厅	Water Resources Department of Tibet Autonomous Region	40	38	5	76	70	21
陕西省水利厅	Shaanxi Provincial Water Resources Department	4287	4126	296	6299	6015	348
甘肃省水利厅	Gansu Provincial Water Resources Department	2167	2167	63	2822	2822	183
青海省水利厅	Qinghai Provincial Water Resources Department	109	75	1	294	220	
宁夏回族自治区水利厅	Water Resources Department of Ningxia Hui Autonomous Region	492	342	33	713	569	50
新疆维吾尔自治区水利厅	Water Resources Department of Xinjiang Uygur Autonomous Region	1422	1342	24	1812	1733	47
大连市水务局	Dalian Water Authority	56	56	11	101	99	19
宁波市水利局	Ningbo Water Resources Bureau	15	15		50	47	
厦门市水利局	Xiamen Water Resources Bureau	9	9		39	35	
青岛市水利局	Qingdao Water Resources Bureau	52	52	1	160	158	1
深圳市水务局	Shenzhen Water Authority	24	19		42	31	
新疆生产建设兵团水利局	Water Resources Department of the Xinjiang Production and Construction Corps						

Employees

9-6　续表 continued

单　位	Institution	技师/人 Technician /person	#获证人数 With Certificate	#当年获证 Getting Certificate of the Year	高级技师/人 Senior Technician /person	#获证人数 With Certificate	#当年获证 Getting Certificate of the Year
地方水利部门	**Local Water Resources Departments**	**37678**	**34990**	**2877**	**3917**	**3604**	**570**
北京市水务局	Beijing Water Authority	32	27	4	1	1	
天津市水务局	Tianjin Water Authority	188	152	1	65	63	
河北省水利厅	Hebei Provincial Water Resources Department	2534	2415	30	20	19	1
山西省水利厅	Shanxi Provincial Water Resources Department	2221	1972	111			
内蒙古自治区水利厅	Water Resources Department of Inner Mongolia Autonomous Region	1140	1004	7	1272	1123	8
辽宁省水利厅	Liaoning Provincial Water Resources Department	289	235	18	2	2	
吉林省水利厅	Jilin Provincial Water Resources Department	509	489	48	110	106	22
黑龙江省水利厅	Heilongjiang Provincial Water Resources Department	2295	1781	168	41	40	20
上海市水务局	Shanghai Water Authority	13	13				
江苏省水利厅	Jiangsu Provincial Water Resources Department	916	881	51	121	120	10
浙江省水利厅	Zhejiang Provincial Water Resources Department	450	450		19	19	
安徽省水利厅	Anhui Provincial Water Resources Department	215	195	20	1	1	
福建省水利厅	Fujian Provincial Water Resources Department	282	282	5	6	5	2
江西省水利厅	Jiangxi Provincial Water Resources Department	554	529	8			
山东省水利厅	Shandong Provincial Water Resources Department	265	257	103	61	61	12
河南省水利厅	Henan Provincial Water Resources Department	8551	7903	579	234	216	52
湖北省水利厅	Hubei Provincial Water Resources Department	3740	3733	76	671	671	36
湖南省水利厅	Hunan Provincial Water Resources Department	3830	3497	770	824	715	386
广东省水利厅	Guangdong Provincial Water Resources Department	15	15		2	2	
广西壮族自治区水利厅	Water Resources Department of Guangxi Zhuang Autonomous Region	226	225	8	2	1	
海南省水务厅	Hainan Water Authority	11	9		1		
重庆市水利局	Chongqing Water Resources Bureau	210	201	3	3	3	
四川省水利厅	Sichuan Provincial Water Resources Department	907	812	28	38	36	1
贵州省水利厅	Guizhou Provincial Water Resources Department	162	141	44	5	4	1
云南省水利厅	Yunnan Provincial Water Resources Department	799	771	164	4		
西藏自治区水利厅	Water Resources Department of Tibet Autonomous Region	11	10	4	2	2	1
陕西省水利厅	Shaanxi Provincial Water Resources Department	3096	2922	316	2	2	
甘肃省水利厅	Gansu Provincial Water Resources Department	2589	2588	244			
青海省水利厅	Qinghai Provincial Water Resources Department	163	120	1	4	3	
宁夏回族自治区水利厅	Water Resources Department of Ningxia Hui Autonomous Region	607	530	25	48	44	11
新疆维吾尔自治区水利厅	Water Resources Department of Xinjiang Uygur Autonomous Region	729	708	29	358	345	7
大连市水务局	Dalian Water Authority	44	43	12			
宁波市水利局	Ningbo Water Resources Bureau	70	66				
厦门市水利局	Xiamen Water Resources Bureau	7	7				
青岛市水利局	Qingdao Water Resources Bureau	2	2				
深圳市水务局	Shenzhen Water Authority	6	5				
新疆生产建设兵团水利局	Water Resources Department of the Xinjiang Production and Construction Corps						

主要统计指标解释

从业人员 指在各级国家机关、政党、社会团体及企业、事业单位中工作，取得工资或其他形式的劳动报酬的全部人员，包括在岗职工、再就业的离退休人员、民办教师以及在各单位中工作的外方人员和港澳台方人员、兼职人员、借用的外单位人员和第二职业者。不包括离开本单位仍保留劳动关系的职工。

Explanatory Notes of Main Statistical Indicators

Employees It refers to staff working for governmental agencies, party and its administrative organizations, social groups, enterprises and non-governmental organizations at all levels, who have obtained paid salaries or other types of labor remuneration, including full-time employment, re-employed retirees, rural school teachers, hired staff and workers from HongKong, Macao, Taiwan areas and other countries, part-time staff and workers, borrowed staff and second-job staff and workers, but the staff and workers who has left the organization without ending their contracts are excluded.